"十二五"职业教育规划教材

Diangong Jishu Jichu yu Jineng
电工技术基础与技能

林　曦　主　编
张　涛　副主编

人民交通出版社股份有限公司
China Communications Press Co.,Ltd.

内 容 提 要

本书为"十二五"职业教育规划教材，主要内容包括：进入电工实验实训室、安全用电、直流电路、交流电路的连接和分析、三相供电方式、认识电容和电感、电磁感应现象及互感现象在电机、变压器中使用等。与本书配套开发了电工技术基础与技能课程立体化、集成性教学资源，提供了包括电子教案、多媒体课件、多媒体素材库等丰富的教学资源。

本书可供高职、中职院校相关专业教学选用，亦可供行业相关培训、岗前培训使用。

* 本书配有教学课件，读者可于人民交通出版社股份有限公司网站免费下载。

图书在版编目(CIP)数据

电工技术基础与技能 / 林曦主编. —北京：人民交通出版社股份有限公司，2015.7

"十二五"职业教育规划教材

ISBN 978-7-114-12368-9

Ⅰ.①电… Ⅱ.①林… Ⅲ.①电工技术 - 高等职业教育 - 教材 Ⅳ.①TM

中国版本图书馆 CIP 数据核字(2015)第 146882 号

"十二五"职业教育规划教材

书　　名：电工技术基础与技能
著 作 者：林　曦
责任编辑：袁　方
出版发行：人民交通出版社股份有限公司
地　　址：(100011)北京市朝阳区安定门外外馆斜街 3 号
网　　址：http://www.ccpress.com.cn
销售电话：(010)59757973
总 经 销：人民交通出版社股份有限公司发行部
经　　销：各地新华书店
印　　刷：北京虎彩文化传播有限公司
开　　本：787×1092　1/16
印　　张：9
字　　数：210 千
版　　次：2016 年 8 月　第 1 版
印　　次：2023 年 8 月　第 3 次印刷
书　　号：ISBN 978-7-114-12368-9
定　　价：27.00 元

前言

QIANYAN

根据教育部相关教学标准，本书编写人员在认真学习领会有关文件的基础上，结合当前高等职业教育发展和城市轨道交通行业发展的实际情况，编写了本书。

本书的主要特色：

1. 在培训理念、技巧及课程开发等方面突破以往教科书的编写模式，内容上注重理论与实操相结合。

2. 本书在教学目标的前提下，强调以学生为中心，突出职业教学培训的特点。

3. 本书在某些知识点的介绍上，是以全国目前最先进、最典型的案例来介绍的，配有大量的实物图片，以便于学生能更感性地认知。

4. 为方便教学，每个单元结束后学生可通过实训练习及思考与练习题进行自我考核，从而及时检查学习效果。

5. 本书编写全程体现了“工学结合、校企合作”的理念，由行业专家、学者全面参与本书的编审。

本书主要内容包括：进入电工实验实训室、安全用电、直流电路、交流电路的连接和分析、三相供电方式、认识电容和电感、电磁感应现象及互感现象在电机、变压器中使用等。与本书配套开发了电工技术基础与技能课程立体化、集成性教学资源，提供了包括电子教案、多媒体课件、多媒体素材库等丰富的教学资源。

本书由福建工业学校高级讲师林曦担任主编，济南铁路高级技工学校高级讲师张涛担任副主编，参加编写的还有广州市交通运输职业学校讲师曾颖委，北京铁路电气化学校讲师高美红，上海市公用事业学校讲师周宇瑾。

使用本书应注意以下几点：

1. 课程实施保证环节：电工实验室、多媒体教学区等，确保分组项目化教学的顺利实施。

2. 评价体系：由原来的一卷定论改为过程考核，更有利于督促、培养学生良好的工作、学习习惯。

本书在编写过程中参考了大量的文献资料，在此向文献资料的作者致以诚挚的谢意。由于编写时间及编者水平有限，书中难免有错误和不妥之处，恳请广大读者批评指正。

由于水平有限，时间仓促，书中谬误及疏漏之处在所难免，敬请读者给予批评指正。

编　者

2016年5月

目录

MULU

项目一　课　程　导　入

任务一　进入电工实验实训室

【任务目标】

1. 了解实训室电源配置、常用电工工具和电工仪器仪表的用途；
2. 了解电工指示仪表的分类，理解其表面标记的含义；
3. 认识常用电工工具和电工仪器仪表；
4. 能识读仪表的表面标记；
5. 能正确使用仪器仪表测量电路的基本物理量，能正确使用常用电工工具。

【任务分析】

通过参观电工实训室，了解实训室电源配置情况；认识常用电工工具和常用电工仪器仪表；通过师生互动来完成学习任务，学会用电工实训室常用仪器仪表测量电路的基本物理量，能正确使用常用电工工具。

【知识导航】

一、实训室电源配置

1. 直流电源

常见的直流电源名称、用途和图示见表 1-1-1。

直 流 电 源　　表 1-1-1

电 源 名 称	用　　途	图　　示
电池	提供 1.5V 直流电压，中间端子为"＋"极，外面端子为"－"极；可采用串联连接构成电池组	电池

续上表

电源名称	用途	图示
直流稳压电源	输出可调的直流电压和直流电流	指针式直流稳压电源 数字式直流稳压电源

2. 交流电源

常见的交流电源名称、用途和图示见表 1-1-2。

交流电源 表 1-1-2

电源名称	用途	图示
单相调压器提供电源	输入电压 220V，输出电压在 0 ~ 250V 之间可调，从接线柱引出	
单相 220V 交流电源	提供单相 220V 正弦交流电压，从插座或接线柱引出（单相三极插座带保护接地）	单相两极插座 单相三极插座
三相 380V 正弦交流电源	提供三相 380V 正弦交流电压，从插座或接线柱引出	三相四线插座 实训台三相电源

二、认识电工实训室常用仪表、工具

1. 常用仪器仪表

1）常用电工仪表的分类

电工仪表的分类繁多，大体可以分为以下几类：

（1）按工作原理分类，有电磁系仪表、磁电系仪表、电动系仪表和感应系仪表等。

（2）按被测量的种类分类，有电流表、电压表、功率表、电能表和相位表等。

（3）按使用方法分类，有安装式、便携式。

安装式仪表：固定安装在开关板或电器设备面板上的仪表，又称面板式仪表。准确度不高，广泛用于发电厂、配电所的运行监视和测量中。

便携式仪表：可以携带的仪表，准确度较高，广泛用于电气实验、精密测量及仪表检定中。

（4）按准确度等级分类，有 0.1、0.2、0.5、1.0、1.5、2.5、5.0 共 7 个等级。

2）常用电工仪表的表面标记

常用电工仪表表盘上的图形符号及意义见表 1-1-3。

常用电工仪表表盘上的图形符号　　表 1-1-3

仪表工作原理的图形符号					
符号说明	图形符号	符号说明	图形符号	符号说明	图形符号
磁电系仪表		感应系仪表		电动系比率表	
电动系仪表		磁电系比率表		整流系仪表	
电磁系仪表		铁磁电动系仪表		热电系仪表	
工作位置的符号					
标尺位置为垂直		标尺位置为水平		标尺位置与水平面倾斜成一角度：∠60°	60°
绝缘强度的符号					
不进行绝缘强度试验	0	绝缘强度试验电压为 500V		绝缘强度试验电压为 2kV	2

续上表

按外界条件分组符号					
符号说明	图形符号	符号说明	图形符号	符号说明	图形符号
Ⅰ级防外磁场及电场		Ⅱ级防外磁场及电场	Ⅱ Ⅱ	Ⅲ级防外磁场及电场	Ⅲ Ⅲ
Ⅳ级防外磁场及电场	Ⅳ Ⅳ				
A组仪表工作环境温度0~40℃	A	B组仪表工作环境温度 -20~+50℃	B	C组仪表工作环境温度 -40~+60℃	C
电流种类符号					
直流	—	交流	~	直流和交流	— ~
三相交流	3~	三相电表	3~	50Hz	~50Hz

3)电工仪表的型号

仪表型号意义反映仪表的用途、工作原理等特性。

(1)安装式指示仪表型号编制规则如图1-1-1所示。

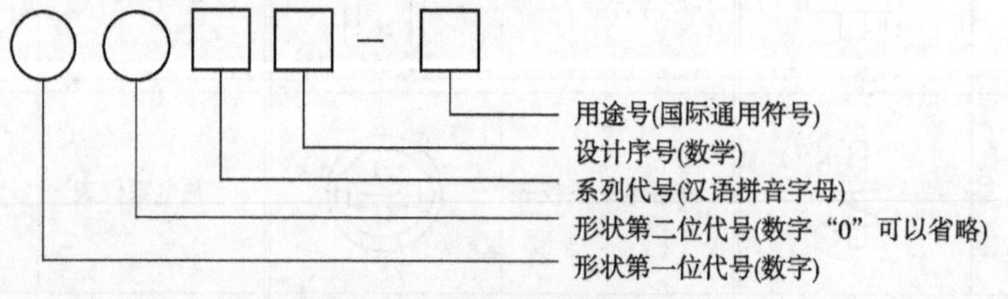

图1-1-1 安装式指示仪表型号

形状第一位代号按仪表面板形状的最大尺寸编制。

形状第二位代号按仪表的外壳尺寸编制。

系列代号按仪表工作原理的系列编制,如磁电式的代号为C,电磁式的代号为T,电动式的代号为D,感应式的代号为G,整流式的代号为L,电子式的代号为Z等。

设计序号为产品设计的先后顺序编制。

用途号表示该仪表的用途。A表示测电流,V表示测电压。

例如,型号44C2-A表示磁电式电流表。

(2)便携式指示仪表的型号编制规则如图1-1-2所示。

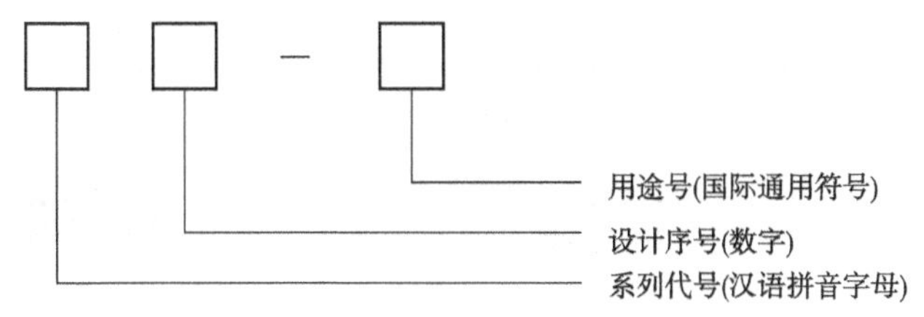

图 1-1-2　携带式指示仪表型号

把安装式指示仪表中的形状代号去掉,剩下的就是便携式仪表的型号编制规则。例如,型号 T19-A 表示电磁式电流表。

4)常用电工仪表

常用电工仪表的名称、用途和图示见表 1-1-4。

常用电工仪表名称、用途及图示　　表 1-1-4

仪表名称	用途	图示
电流表	测量电路导线中的电流(钳形电流表无须断开导线即可测量电流)	指针式电流表 数字式钳形电流表
电压表	测量电路中两点间的电压	指针式电压表
万用表	除测量直流电流、直流电压、交流电压和电阻基本功能外,还具备其他辅助功能	指针式万用表　数字式万用表

续上表

仪表名称	用途	图示
功率表	测量交、直流电路的功率	
兆欧表	测量电气线路和各种电气设备的绝缘电阻	 兆欧表  数字式兆欧表
接地电阻测试仪	测量接地体的接地电阻	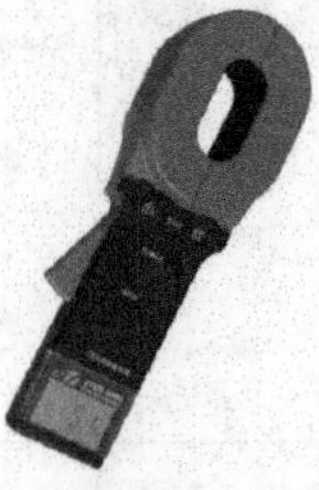 数字式  指针式
直流单臂电桥	测量精密电阻的阻值	
直流双臂电桥	测量 1Ω 以下的小电阻阻值	

续上表

仪表名称	用　　途	图　　示
电能表	计量电气设备的用电量	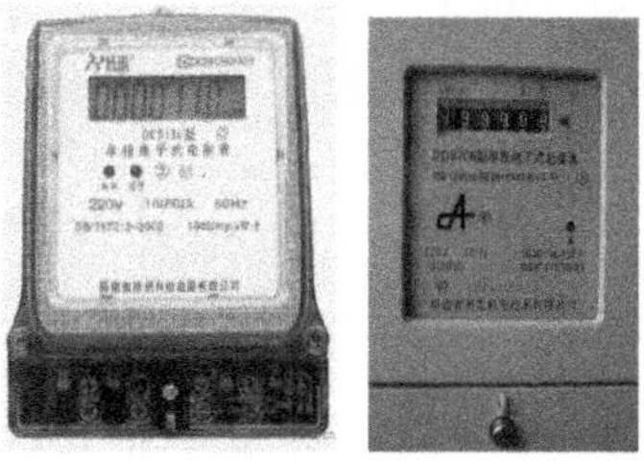 单相电子式电能表

2. 常用电工工具

常用电工工具名称、用途和图示见表1-1-5。

常用电工工具　　表1-1-5

工具名称	用　　途	图　　示
验电器(低压) (试电笔)	用于检验线路、电气设备是否带电	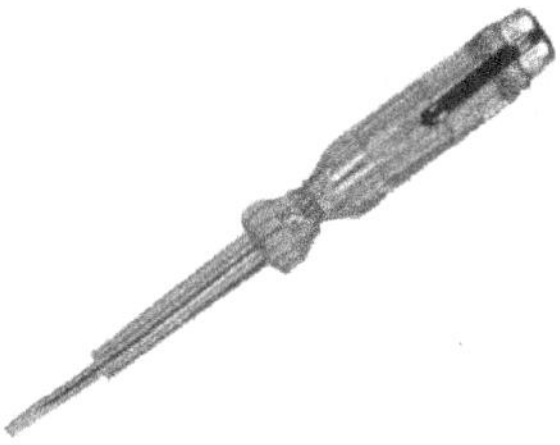
电工刀	用于剖削和切割电工器材	
钢丝钳 (克丝钳、老虎钳)	钳口用于钳夹和弯绞导线;齿口用于松紧小型螺母;刀口用于剪切电线、起拔铁钉;铡口用于铡切钢丝等硬金属丝	
斜口钳	用于剪断较粗金属丝、线材和电线电缆等	

续上表

工具名称	用途	图示
尖嘴钳	小刀口部分用于剪断细小的导线、金属丝等;尖嘴部分用于在狭小空间内操作,夹持螺钉、垫圈、导线和弯曲导线端头	
剥线钳	用于剥削直径3mm及以下绝缘导线的塑料或橡胶绝缘层	
螺钉旋具 (螺丝刀、起子或旋凿)	用来紧固或拆卸带槽螺钉的常用工具,有一字和十字两种	一字和十字螺丝刀
扳手	利用杠杆作用制成的用于螺纹连接的手动省力工具	活扳手 双头呆扳手 梅花扳手 两用扳手 套筒扳手 内六角扳手

续上表

工 具 名 称	用 途	图 示
手电钻	有普通电钻和冲击电钻两种,用于在混凝土和砖墙等建筑构件上钻孔	
电烙铁	手动焊接工具,用于加热焊接部位,熔化焊料,使焊料和被焊接金属连接起来	

【任务实施】

一、工具及仪器仪表

1. 工具

试电笔、电工刀、螺丝刀、钢丝钳、扳手、剥线钳等。

2. 所用仪表

万用表、钳形电流表、兆欧表。

3. 所用器材

旧电线、皮线、花线、护套线、电阻若干、直流稳压电源、单相调压器、三相笼型电动机、电源变压器等。

二、技能训练及要求

1. 模拟式万用表使用注意事项

(1)在使用万用表之前,应先进行“机械调零”,即在没有被测电量时,使万用表指针指在零电压或零电流的位置上。

(2)在使用万用表过程中,不能用手去接触表笔的金属部分,这样一方面可以保证测量的准确,另一方面也可以保证人身安全。

(3)在测量某一电量时,不能在测量的同时换挡,尤其是在测量高电压或大电流时,更应注意。否则,会使万用表毁坏。如需换挡,应先断开表笔,换挡后再去测量。

(4)万用表在使用时,必须水平放置,以免造成误差。同时,还要注意避免外界磁场对万用表的影响。

(5)万用表使用完毕,应将转换开关置于交流电压最大挡。如果长期不使用,还应将万用表内部电池取出来,以免电池腐蚀表内其他器件。

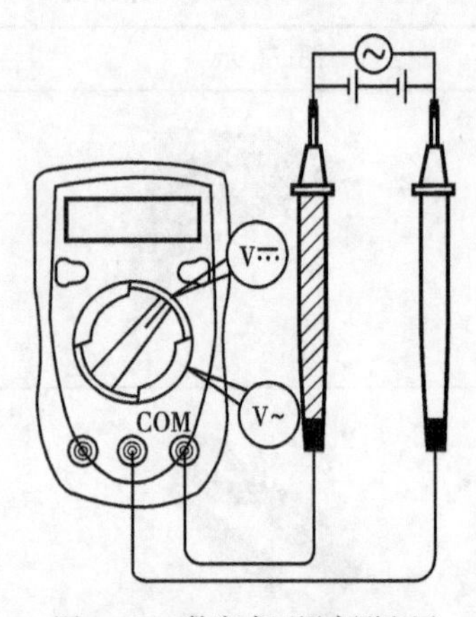

图1-1-3 数字式万用表测电压

2. 直流电压测量

数字式万用表直流电压测量(图1-1-3)方法如下:

(1)将红表笔插入"VΩmA"插孔,黑表笔插入"COM"插孔。

(2)将功能量程开关置于直流电压挡位,并将表笔并联到待测电源或负载上。

(3)从显示器上读取测量结果。

注意:不要测量高于500V的电压,虽然有可能读取读数,但是会损坏内部电路及伤害测量者。在测量前如不知被测电压值的范围,应将量程开关置于高量程挡,根据读数需要逐步调低测量量程。当LCD只在高位显示"1"时,说明已经超过量程,需调高量程。在每一个量程挡,仪表的输入阻抗均为10MΩ,误差可以忽略(0.1%或更低)。

实训指导老师改变直流稳压电源的输出电压,以供测量使用。

用模拟式、数字式万用表分别测量直流电压,将测量数据填入表1-1-6中,并分析测量误差。

直流电压测量工作报告表 表1-1-6

测量次数	第1次		第2次		第3次		第4次	
使用仪表	模拟	数字	模拟	数字	模拟	数字	模拟	数字
仪表量程								
读数值(V)								
两仪表差值								

3. 交流电压测量

测量前,先在实训室总电源处接一个调压器,由实训指导教师调节输出电压以供测量使用。

数字式万用表交流电压测量方法及注意事项与直流电压测量相同。

用模拟式、数字式万用表分别测量交流电压,将测量数据填入表1-1-7中,并分析测量误差。

交流电压测量工作报告表 表1-1-7

测量次数	第1次		第2次		第3次		第4次	
使用仪表	模拟	数字	模拟	数字	模拟	数字	模拟	数字
仪表量程								
读数值(V)								
两仪表差值								

4. 电阻测量

(1)模拟式万用表电阻测量(图1-1-4)注意事项:

①严禁在被测电路带电的情况下测量电阻。

②被测电阻不能有并联支路。

③测量前或每次更换量程时，都应重新进行欧姆调零。

④测量电阻时，应选择适当的倍率，使指针尽可能接近刻度线的中心。

⑤测量中不允许用手同时触及被测电阻两端，以避免并联人体电阻，使读数减小。

(2)数字式万用表电阻测量(图 1-1-5)注意事项：

①检测在线电阻时，为了避免仪表受损，须确认被测电路已关掉电源，同时电容已放完电，方能进行测量。

②在 200Ω 挡测量时，测试表笔引线会带来 0.1 ~ 0.3Ω 的电阻测量误差，为了获得精确读数，可以将读数减去红、黑两只表笔短路的读数值，作为最终读数值。

③在被测电阻值大于 1MΩ 时，仪表需要数秒后方能稳定读数，属于正常现象。

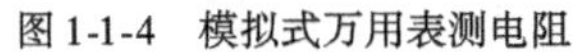
图 1-1-4 模拟式万用表测电阻

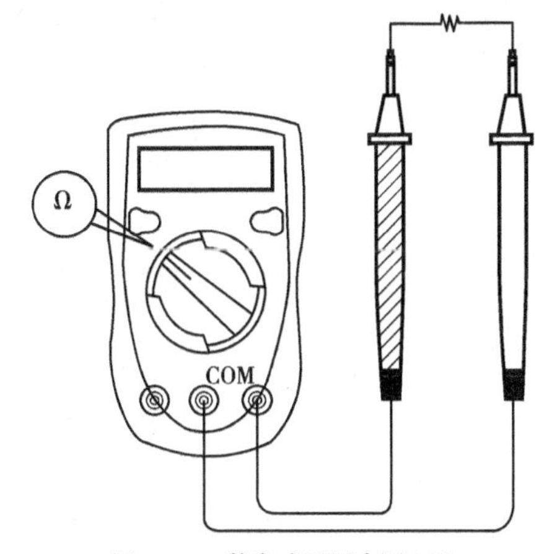

图 1-1-5 数字式万用表测电阻

用模拟式、数字式万用表欧姆挡测量电阻，正确选择欧姆挡的倍率量程，将测量数据填入表 1-1-8 中，并分析测量误差。

电阻测量工作报告表 表 1-1-8

电阻	R_1		R_2		R_3		R_4	
标称值	330Ω		470Ω		10kΩ		51kΩ	
使用仪表	模拟	数字	模拟	数字	模拟	数字	模拟	数字
欧姆挡倍率								
读数值(Ω)								
两仪表差值								

使用 500V 兆欧表分别测量三相笼型电动机和电源变压器的绝缘电阻(图 1-1-6)，并将绝缘电阻测量数据填入表 1-1-9 中。

绝缘电阻测量工作报告表 表 1-1-9

测量电动机	U 对 V	U 对 W	V 对 W	U 对外壳	V 对外壳	W 对外壳
读数值(MΩ)						
测量变压器	原边对副边 a	原边对副边 b	原边对铁芯	副边 a 对铁芯	副边 b 对铁芯	
读数值(MΩ)						

根据电动机铭牌规定，将三相绕组按出厂要求连接，并将其接入三相交流电路，使其通电运行，用钳形电流表检测其启动瞬时的启动电流（图 1-1-7）、转速达到额定值后的空载电流，并将检测结果填入表 1-1-10 中。

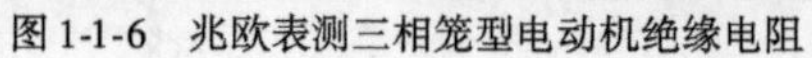

图 1-1-6　兆欧表测三相笼型电动机绝缘电阻　　图 1-1-7　钳形电流表测电动机电流

电动机启动电流和空载电流测量工作报告表　　表 1-1-10

钳形电流表		启动电流		空载电流		导线在钳口绕两匝后的空载电流		缺相运行电流			
型号	规格	量程	读数	量程	读数	量程	读数	量程	读　数		
									U	V	W

选取各种规格的电线线头若干，练习使用剥线钳剥线和使用电工刀削线。

用试电笔找出实训室电源三眼插座的火线与零线的位置。

【任务评价】

项目	内　容	配分	考 核 要 求	扣 分 标 准	自评分	教师评分
工作态度	(1)工作的积极性； (2)安全操作规程的遵守情况； (3)纪律遵守情况和团结协作精神	20	工作过程积极参与，遵守安全操作规程和劳动纪律，有良好的职业道德、敬业精神及团结协作精神	违反安全操作规程扣 20 分，其余不达要求酌情扣分； 当实训过程中他人有困难能给予热情帮助则加 5～10 分		
技能训练	(1)能正确使用万用表、兆欧表、钳形电流表； (2)能正确使用常用电工工具	40	能正确使用常用仪器仪表，能正确使用常用电工工具	不能正确使用常用仪器仪表，每次扣 5～10 分；不能正确使用常用电工工具，每次扣 3～5 分		
理论知识	(1)能识别常用电工工具和电工仪器仪表； (2)能识读仪表的表面标记	25	能识别常用电工工具和电工仪器仪表、能识读仪表的表面标记	复习与思考题，错一个填空扣 2 分，错一个问答题扣 5 分		
工作报告	(1)工作报告内容完整； (2)工作报告卷面整洁	15	工作报告内容完整，测量数据准确合理； 工作报告卷面整洁	工作实训报告内容欠完整，酌情扣分； 工作报告卷面欠整洁，酌情扣分		
合计		100				

注：各项配分扣完为止。

思考与练习题

1. 在使用万用表之前要先进行____________，在测量电阻之前还要进行____________。

2. 选择指针式万用表电流或电压量程时，最好使指针处在标度尺__________________的位置；选择电阻量程时最好是指针处在标度尺的__________________位置，这样做的目的是为了________________。

3. 兆欧表是一种专门用来检查______________________________的便携式仪表。

4. 怎样正确使用钳形电流表测量负载电流？

5. 使用万用表时应如何正确选择量程？

6. 怎样检查兆欧表的好坏？

任务二 安全用电和实训安全操作规程

【任务目标】

1. 理解安全用电常识、触电方式，掌握触电急救的基本步骤；
2. 了解电气火灾的防范和扑救常识；
3. 熟悉电工实训室规则、实验实训须知；
4. 学会正确进行人工呼吸和胸外心脏按压法，会根据现场情况采取触电急救方法；
5. 学会选择和使用灭火器扑救电气火灾；
6. 能认真遵守电工实训室规则，做到安全用电、安全操作。

【任务分析】

通过参观电工实训室，了解实训室规则、实验实训须知；通过观看录像资料，了解触电带来的危害、如何预防触电事故的发生及触电急救方法，了解电气火灾的防范和电气火灾的扑救常识；通过现场模拟触电，学习口对口人工呼吸法和胸外心脏按压法，了解触电现场急救的步骤与措施；通过示范，学习灭火器的使用方法。

【知识导航】

一、安全用电常识

1. 触电

人体也是导电体，当人体接触带电部位时，有电流通过人体，对人体产生生理和病理伤害，这就是触电（图 1-2-1）。触电对人体的伤害是多方面的，伤害可分为电击和电伤两种类型。

图 1-2-1　触电

电击是指人体通电后，体表虽没有损伤痕迹，但已造成内部器官损坏，使人呼吸困难，严重时造成心脏停搏而死亡。触电死亡绝大部分由电击造成。电伤则是由电流的热效应、化学效应、机械效应以及电流本身作用所造成的人体外伤，表现为电灼伤、电烙印和皮肤金属化等现象，严重时也能致命。电流对人体伤害的严重程度一般与下面几个因素有关：通过人体电流的大小、电流通过人体时间的长短、电流通过人体的部位、通过人体电流的频率、触电者的身体状况等。

常见的触电形式有以下几种：

1）单相触电

如图 1-2-2 所示，在低压电力系统中，如人体的某一部位接触到一根火线，而另一部位与地接触（不采取绝缘措施而站立于地面），即为单相触电或称单线触电。这是常见的触电。

2）两相触电

人体不同部位同时接触两相电源带电体而引起的触电叫两相触电。无论电网中性点是否接地，人体所承受的电压均比单相触电时要高，危险性更大，如图 1-2-3 所示。

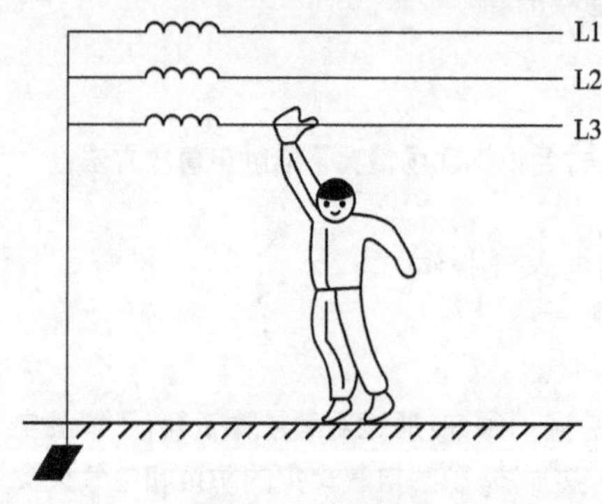

图 1-2-2　单相触电

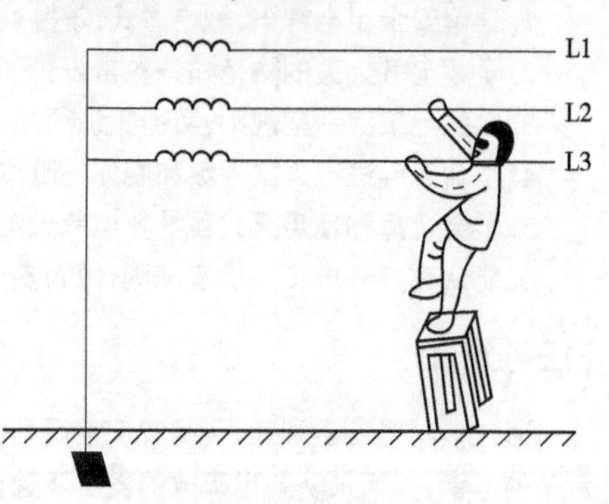

图 1-2-3　两相触电

3）跨步电压触电

跨步电压触电是由于外力（如雷电、大风等）的破坏等原因，电气设备、避雷针的接地点，或者断落导线的着地点，将有大量的扩散电流向大地流入，而使周围地面上分布着不同电位，其中，断落导线的着地点电位最高，离着地点越远电位越低。当人进入这个区域时，两脚跨步之间便形成较大的电位差，称为跨步电压，由此引起的触电称为跨步电压触电，如图1-2-4所示。

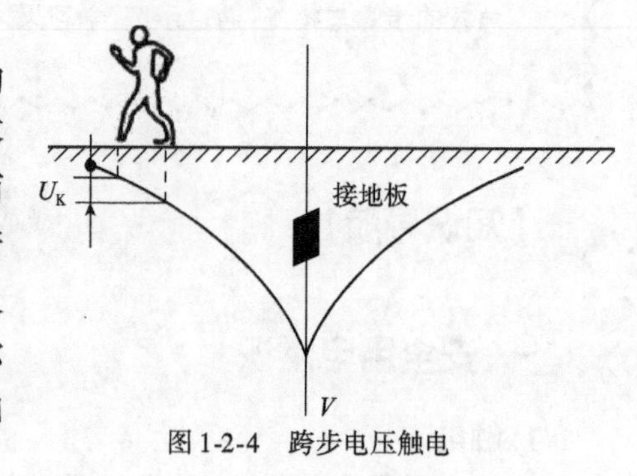

图 1-2-4　跨步电压触电

2. 安全电压

电流流过人体时，人体承受的电压越低，流过人体的电流越小，触电伤害越轻。当电压低于某一定值后，就不会造成触电事故。这种不带任何防护设备，对人体各部分组织均不造成伤害的电压值，称为安全电压。

我国规定安全电压的额定值为42V、36V、24V、12V、6V五个等级，不同场所选用不同的安全电压等级。需要注意的是：即使在规定的安全电压下工作，也不可粗心大意。

安全电压的等级和选用见表1-2-1。

安全电压的等级和选用　　表1-2-1

安全电压（交流有效值）		选用举例
额定值（V）	空载上限值（V）	
42	50	在有触电危险的场所使用的手持电动工具等
36	43	在矿井、多导电粉尘等场所使用的行灯等
24	29	可供某些具有人体可能偶然触及的带电体设备选用
12	15	
6	8	

注：表中列出空载值是因为某些重负载设备空载电压大大高于负载电压，此时要求不但负载电压符合额定值，空载电压也要符合表中空载上限值。

3. 触电原因及预防措施

触电往往是由带电工作、设备接地不良、电气设备使用不当、跨步电压、电气火灾、临时线路、裸露带电导线等引起的。防止触电的预防措施有：采取安全措施，建立定期检查制度，采取保护接地和保护接零，使用安全电压，设备可靠接地，发生电气火灾时需立即切断电源防止触电等。生活中也要注意预防触电，如图1-2-5所示。

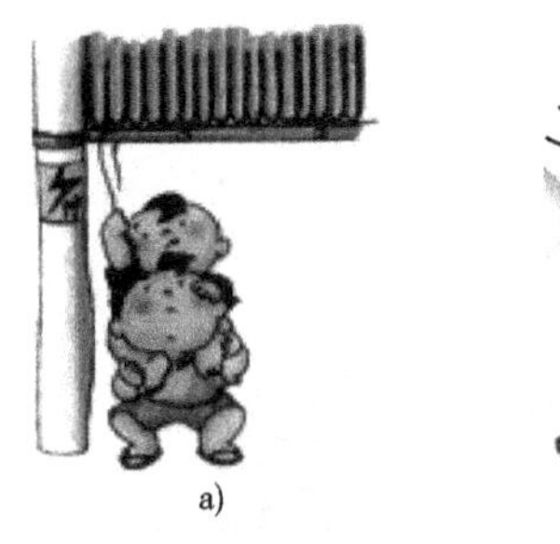
a)

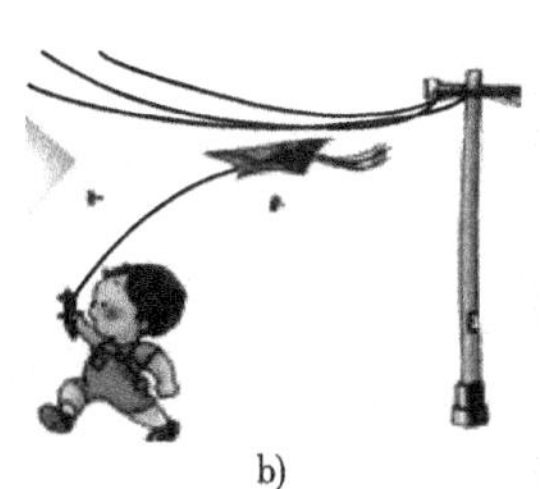
b)

图1-2-5　触电预防

4. 触电急救

触电急救的要点是抢救迅速和救护得当。采用“拉”、“切”、“挑”、“拽”、“垫”等各种方法使触电者脱离电源，争取时间，施行急救。对触电者就地使用口对口人工呼吸法和胸外心脏按压法进行抢救，同时联系医疗部门，争取医护人员接续救治。即使触电者失去知觉，心跳停止，也不能轻率地认定触电者死亡，而应看作是假死。

1）解救触电者脱离低压电源的方法

发现有人触电后，首先要设法切断电源。不能直接用手触及伤员，为使触电人迅速脱离电源，应根据现场具体条件，果断采取适当的方法和措施。

如果是低压触电,采取“拉”、“切”、“挑”、“拽”、“垫”各种方法。

(1)“拉”。指就近拉下电源开关、拔出插头或瓷插式熔断器,如图 1-2-6 所示。

图 1-2-6　拉下电源开关

(2)“切”。指用带有绝缘手柄的利器切断电源线。当电源开关、插座或瓷插式熔断器距离触电现场较远时,可用带有绝缘手柄的电工钳或有干燥木柄的斧头、铁锨等利器将电源线切断。切断时应防止带电导线断落触及周围的人体。多芯绞合线应分相切断,以防止短路。

(3)“挑”。如果导线搭落在触电者身上或压在身下,这时可用干燥的木棒、竹竿等挑开导线或用干燥的绝缘绳套拉导线或触电者,使之脱离电源,如图 1-2-7 所示。

(4)“拽”。救护人可戴上手套或在手上包缠干燥的衣服、围巾、帽子等绝缘物品拖拽触电者,使之脱离电源。如果触电者的衣裤是干燥的,又没有紧缠在身上,救护人可直接用一只手抓住触电者不贴身的衣裤,将触电者拉脱电源。但要注意拖拽时切勿触及触电者的皮肤。救护人亦可站在干燥的木板、木桌椅或橡胶等绝缘物品上,用一只手把触电者拉脱电源,如图 1-2-8 所示。

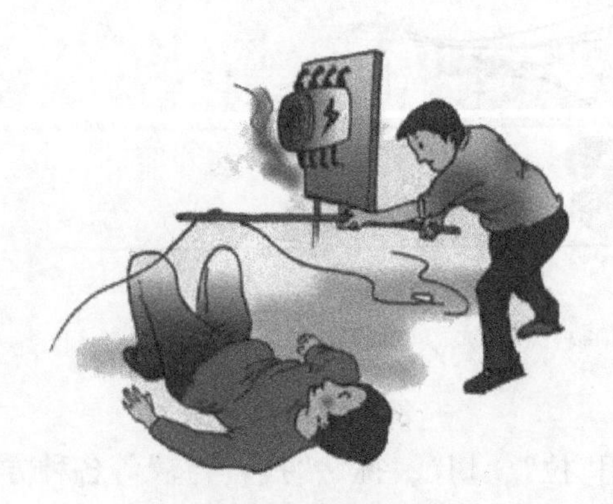

图 1-2-7　挑开导线

图 1-2-8　拽开触电者

(5)“垫”。如果触电者由于痉挛手指紧握导线或导线缠绕在身上,救护人可先用干燥的木板塞进触电者身下使其与地绝缘来隔离电源,然后再采取其他办法把电源切断。

2)对不同情况的救治

触电者脱离电源之后,应根据实际情况,采取正确的救护方法,迅速进行抢救。

(1)触电者神志尚清醒,但感觉头晕、心悸、出冷汗、恶心、呕吐等,应让其静卧休息,减轻心脏负担。

(2)触电者神智有时清醒,有时昏迷。首先让其静卧休息,同时请医生救治,并密切注意其伤情变化,做好万一恶化的抢救准备。

(3)触电者已失去知觉,但有呼吸、心跳。在迅速请医生的同时,应使触电者舒适、安静地平卧,周围不要围挤人群,解开衣扣以利呼吸,如图 1-2-9 所示。可让触电者闻闻氨气,摩擦全身使之发热。如果天气寒冷,应注意保暖。如果出现痉挛,呼吸衰弱,应立即施行人工呼吸,并送医院救治。

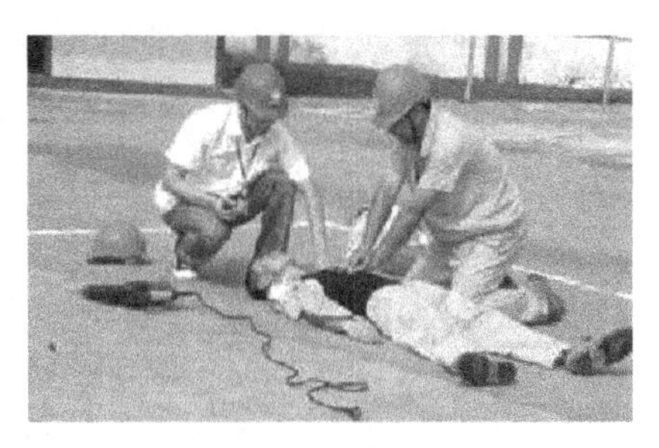

图 1-2-9 触电急救

(4)如果触电者呼吸停止,但心跳尚存,则应对触电者施行人工呼吸;如果触电者心跳停止,呼吸尚存,则应采取胸外心脏按压法;如果触电者呼吸、心跳均已停止,则必须同时采用人工呼吸法和胸外心脏按压法这两种方法进行抢救。

3)口对口人工呼吸法

人工呼吸法是帮助触电者恢复呼吸的有效方法,只对停止呼吸的触电者使用(图 1-2-10),其操作步骤如下:

(1)首先使触电者仰卧,迅速解开触电者的衣领、围巾、紧身衣服等,除去口腔中的黏液、血液、食物、假牙等杂物。

(2)将触电者的头部尽量后仰,鼻孔朝天,颈部伸直。救护人在触电者的一侧,一只手捏紧触电者的鼻孔,另一只手掰开触电者的嘴巴。救护人深吸气后,紧贴着触电者的嘴巴大口吹气,使其胸部膨胀;之后救护人换气,放松触电者的嘴鼻,使其自动呼气。如此反复进行,吹气 2s,放松 3s,大约 5s 一个循环。

(3)吹气时要捏紧鼻孔,紧贴嘴巴,不能漏气,放松时应能使触电者自动呼气。

(4)如果触电者牙关紧闭,一时无法撬开,可采取口对鼻吹气的方法。

(5)对体弱者和儿童吹气时用力应稍轻,不可让其胸腹过分膨胀,以免肺泡破裂。当触电者自己开始呼吸时,人工呼吸应立即停止。

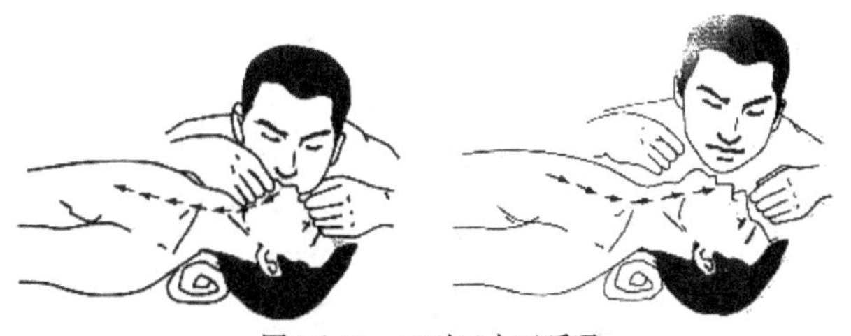

图 1-2-10 口对口人工呼吸

4)胸外心脏按压法

胸外心脏按压法可帮助触电者恢复心跳,当触电者心脏停止跳动时,有节奏地在胸外廓加力,对心脏进行挤压,代替心脏的收缩与扩张,达到维持血液循环的目的(图 1-2-11)。其操作步骤如下:

(1)将触电者衣服解开,使其仰卧在硬板上或平整的地面上,找到正确的挤压点。通常是救护者伸开手掌,中指尖抵住触电者颈部凹陷的下边缘,手掌的根部就是正确的压点。

(2)救护人跪跨在触电者腰部两侧的地上,身体前倾,两臂伸直,两手相叠,以手掌根部放至正确压点。

(3)掌根均衡用力,连同身体的重量向下挤压,压出心室的血液,使其流至触电者全身各部位。成人的压陷深度为4~5cm,对儿童用力要轻。太快太慢或用力过轻过重,都不能取得好的效果。

(4)挤压后掌根突然抬起,依靠胸廓自身的弹性,使胸腔复位,血液流回心室。

重复(3)(4)步骤,每分钟100次左右为宜。

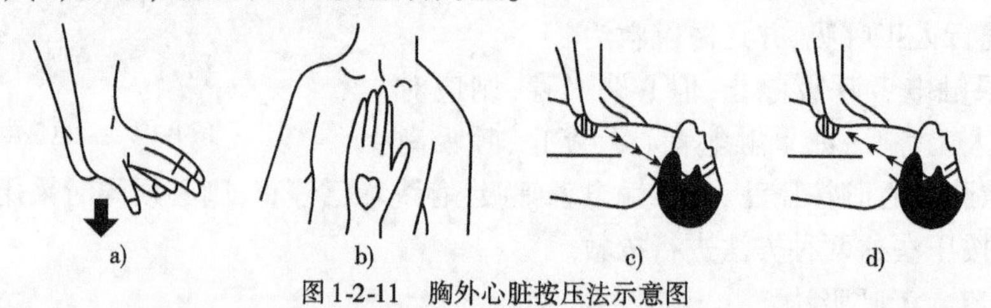

图1-2-11　胸外心脏按压法示意图

总之,使用胸外心脏按压法要注意压点正确,下压均衡、放松迅速、用力和速度适宜,要坚持做到心跳完全恢复。如果触电者心跳和呼吸都已停止,则应同时进行胸外心脏按压和人工呼吸。一人救护时,两种方法可交替进行;两人救护时,两种方法应同时进行,但两人必须配合默契。

5. 电气防火的预防和紧急处理

电气火灾是危害性极大的灾难性事故。引起电气火灾的原因很多,几乎所有的电气故障都可能导致电气着火,如设备选择不当,过载、短路或漏电,照明及电热设备故障,熔断器烧断、接触不良以及雷击、静电等,都可能引起高温、高热或者产生电弧、放电火花,从而引发火灾事故。

1)电气火灾预防方法

为了有效防止电气火灾的发生,首先应按场所的危险等级正确地选择、安装、使用和维护电气设备及电气线路,按规定正确采用各种保护措施。在线路设计上,应充分考虑负载容量及过载能力。在用电上,应禁止过度超载及乱接乱搭电源线。用电设备有故障应停用并及时检修。对于需在监护下使用的电气设备,应"人去停用"。对于易引起火灾的场所,应注意加强防火,配置防火器材。电气设备防火见图1-2-12。

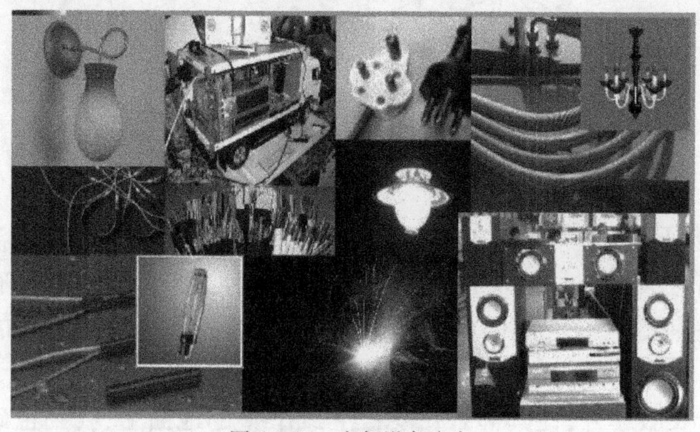

图1-2-12　电气设备防火

2）电气火灾的紧急处理

当电气设备发生火警时，首先应切断电源，防止事故扩大和火势蔓延以及灭火时发生触电事故。同时，拨打火警电话报警。

发生电火警时，不能用水或普通灭火器（如泡沫灭火器）灭火。因为水和普通灭火器中的溶液都是导体，如电源未被切断，救火者有可能触电。所以，发生电气火灾时，应使用干粉、二氧化碳或1211等灭火器灭火，也可用干燥的黄沙灭火。

3）常用消防灭火器的使用方法

（1）干粉灭火器的使用方法

适用于扑救各种易燃、可燃液体和易燃、可燃气体火灾，以及电器设备火灾。

①右手托着压把，左手托着灭火器底部，轻轻取下灭火器。

②右手提着灭火器到现场。

③除掉铅封。

④拔掉保险销。

⑤左手握着喷管，右手提着压把。

⑥在距离火焰两米的地方，右手用力压下压把，左手拿着喷管左右摆动，喷射干粉覆盖整个燃烧区。

（2）泡沫灭火器的使用方法

主要适用于扑救各种油类火灾以及木材、纤维、橡胶等固体可燃物火灾。

①右手托着压把，左手托着灭火器底部，轻轻取下灭火器。

②右手提着灭火器到现场。

③右手捂住喷嘴，左手执筒底边缘。

④把灭火器颠倒过来呈垂直状态，用劲上下晃动几下，然后放开喷嘴。

⑤右手抓筒耳，左手抓筒底边缘，把喷嘴朝向燃烧区，站在离火源8m的地方喷射，并不断前进，围着火焰喷射，直至把火扑灭。

⑥灭火后，把灭火器卧放在地上，喷嘴朝下。

（3）二氧化碳灭火器的使用方法

主要适用于各种易燃、可燃液体、可燃气体火灾，还可扑救仪器仪表、图书档案、工艺器和低压电器设备等的初起火灾。

①用右手握着压把。

②用右手提着灭火器到现场。

③除掉铅封。

④拔掉保险销。

⑤站在距火源2m的地方，左手拿着喇叭筒，右手用力压下压把。

⑥对着火源根部喷射，并不断推前，直至把火焰扑灭。

二、实训安全操作规程

1. 实训室规则

（1）进入实训室的一切人员必须严格遵守实训室的各项规章制度。

(2)在实训室进行实训时,必须根据教学和计划任务书的要求,经实训室统一安排后方可进行。

(3)一切无关人员,不得随意进入实训室和动用实训室仪器仪表和设备工具。

(4)实训期间使用仪器仪表和设备工具,要严格遵守操作规程,造成责任事故要赔偿。

(5)实训期间,如仪器仪表和设备工具发生故障或意外事故,应立即停止实训,并及时报告实训室工作人员或有关部门,以便采用必要的处理措施。

(6)实训室内禁止随地吐痰,保持整洁美观。离开实训室前,应打扫工作场地,交接仪器,经实训室工作人员同意后方能离开。

(7)要严格遵守安全、防火等各项制度。

2. 学生实训守则

(1)遵守实训室纪律,不迟到、不早退、不无故缺席。

(2)衣冠不整不得进入实训室,不准将与实训课无关的物品带进实训室。

(3)实训室内保持安静、整洁,不得高声喧哗和打闹,不吃零食,不准吸烟、随地吐痰、乱丢纸屑和杂物。

(4)实训前必须认真预习实训指导书及有关理论,做好相关准备。

(5)实训时,认真听实训指导教师对电路工作原理的讲解,有关仪器仪表、设备工具的使用方法及实训注意事项。

(6)实训时必须注意人身安全、节约用电。

(7)实训进行时必须严格遵守仪器设备的操作规程,服从实训指导教师和实训室工作人员的指导,严肃认真,仔细观察和记录实验数据。

(8)接通电源之前,必须请实训指导教师检查线路,不得擅自接通电源;对于操作过程中不慎损坏实训用具及设施的,应按规定酌情赔偿;对于恶意或故意损坏实训用具及设施的,则应加倍赔偿并追究学校纪律处分。

(9)严禁带电拆线接线,遵守"先接线后合电源,先断电源后拆线"的操作程序。

(10)发现异常现象(声响、发热、焦臭等)时应立即断开电源,不要惊慌,保持现场,报告实训指导教师,待查明原因或排除故障后,方可继续实训项目,若造成仪器设备损坏,应如实填写事故报告单。

(11)爱护仪器仪表和工具设备。实训中仪器仪表或工具设备若发生故障或出现异常时,应及时报告实训指导教师处理,不准擅自摆弄;不准动用与本实训无关的仪器设备;不准将任何物品带出实训室;搬动仪器仪表和工具设备时,必须轻拿轻放,并保持其表面清洁。

(12)非本次实训使用的仪器仪表和工具设备,未经实训指导教师允许不得动用。

(13)实训完毕,需经老师检查数据正确和实训仪器仪表和设备工具正常方可拆线,将设备整理好,及时切断电源,将所用仪器设备、工具等进行清理和归还,经指导教师同意后,方能离开实训室。

(14)实训项目结束后,要进行室内清洁,关好门窗及关闭总电源(图1-2-13)。

3. 安全用电规程

(1)任何电器设备未经验电,一律视为带电状态处理,不准用身体和导电体触摸。

图 1-2-13 关闭电源

(2)带电工作台不准放置茶杯、饮料等液体及与工作无关的导电物体。

(3)电气开关和插座附近严禁堆放导电物品。

(4)严禁乱拉、乱接电气线路。

(5)非专业人员和非指定人员,不得进行控制柜和控制开关等电气设备的操作。

(6)用电时,先打开控制电源总开关,然后打开电源分开关,最后打开终端的用电设备,使用结束后切断电源操作顺序与之相反。

(7)发现有异味及异常现象应立即切断有关电源,并通知有关人员及时妥善处理。

(8)不准用湿手或湿物触摸电器、开关、插头、照明灯具。

(9)正确使用插头、插座、开关、电器。

(10)离开岗位前,应检查及断开无用的电源。

(11)当发生人身触电事故和火灾事故时,应立即断开有关设备电源,然后进行抢救并通知相关部门。

(12)电气设备发生火灾时,应首先切断电源,再用四氯化碳、二氧化碳或干粉灭火器,严禁使用水和泡沫灭火器。

(13)使触电者脱离电源的方法。

①迅速可靠断开电源。

②立即将触电者脱离电源。

③用绝缘物体移去触电者身上的带电体。

【任务实施】

一、工具及仪器仪表

1. 工具

木棍、绝缘手套、绝缘垫等。

2. 所用器材

电线、心肺复苏急救模拟人、二氧化碳、干粉灭火器等。

二、技能训练

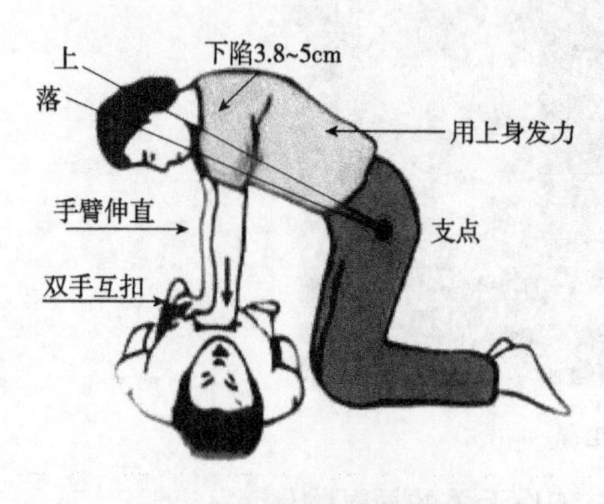

图 1-2-14　触电急救模拟训练

1. 触电的急救模拟训练

在指导教师和学校医务部门的指导下进行以下操作。

(1)在模拟的低压触电现场，让一同学模拟触电的各种情况，要求两位同学用正确的绝缘工具、安全快捷的方法使触电者脱离电源。

(2)利用心脏复苏模拟人，让学生在硬板床或地面上练习胸外挤压急救手法和口对口人工呼吸的动作以及节奏(图 1-2-14)。根据打印出的训练结果检查学生急救手法的力度和节奏是否符合要求。若使用的是无打印输出的心肺复苏模拟人，则由教师观察并计时，作为给定学生成绩的依据。

2. 灭火器的操作方法

在指导教师和学校保卫部门的指导下识别灭火器材，并进行灭火演习，完成演习后谈谈个人感想。

【任务评价】

项目	内　容	配分	考核要求	扣分标准	自评分	教师评分
工作态度	(1)工作的积极性； (2)安全操作规程的遵守情况； (3)纪律遵守情况和团结协作精神	20	工作过程积极参与，遵守安全操作规程和劳动纪律，有良好的职业道德、敬业精神及团结协作精神	违反安全操作规程扣20分，其余不达要求酌情扣分； 当实训过程中他人有困难能给予热情帮助则加5~10分		
技能训练	(1)能利用绝缘工具安全快捷地使低压触电者脱离电源； (2)能正确施行胸外心脏按压法和口对口人工呼吸，操作时动作、节奏正确； (3)能正确使用灭火器	40	会根据现场情况采取触电急救方法，能正确进行人工呼吸和胸外心脏按压法，会选择和正确使用灭火器	不能安全快捷地利用绝缘工具使低压触电者脱离电源每次扣8~10分； 不能正确施行胸外心脏按压法和口对口人工呼吸每次扣10~15分； 不能正确使用灭火器每次扣10分		
理论知识	常见的触电形式、解救触电者脱离低压电源的方法	25	掌握常见的触电形式、熟悉解救触电者脱离低压电源的方法	复习与思考题，错一个填空扣2分；错一个问答题扣5分		

续上表

项目	内　　容	配分	考 核 要 求	扣 分 标 准	自评分	教师评分
工作报告	（1）工作报告内容完整； （2）工作报告卷面整洁	15	工作报告内容完整，测量数据准确合理； 工作报告卷面整洁	工作实训报告内容欠完整，酌情扣分； 工作报告卷面欠整洁，酌情扣分		
合计		100				

注：各项配分扣完为止。

思考与练习题

1. 常见的人体触电形式有__________、__________和__________。

2. 触电急救的要点是：__________与__________。即用最快的速度在现场采取措施，保护伤员生命，减轻其痛苦，并根据伤情需要，迅速联系医疗部门救治。即使触电者失去知觉，心跳停止，也不能轻率地认定触电者死亡，而应看作是__________，施行急救。

3. 触电是指电流流过人体时对人体产生的__________和__________伤害。

4. 我国把安全电压的额定值分为__________、__________、__________、__________和__________。

5. 什么叫安全电压？我国规定的安全电压有哪些等级？

6. 使触电者脱离低压电源的方法有哪些？有哪些注意事项？

7. 什么是跨步电压触电？

项目二　电路的连接和分析

任务一　搭接小灯珠电路

【任务目标】

1. 明确电路的基本组成、电路的三种状态和额定电压、电流、功率等概念；
2. 明确电流 I、电压 U、电功率 P 的基本概念；
3. 了解电流表测量电流、电压表测量电压的方法；
4. 能选择适当仪表测量电路的基本物理量；
5. 学会正确画简单电路图和连接电路实物图。

【任务分析】

在前面两个任务中我们接触到的是电工实验室常用仪器仪表，了解了安全用电常识和实训安全操作规程，具备了一定的电工实验实训的基础。接下来的这个任务是在此基础上学习电路的基本组成，并学会用电工实训室常用仪器仪表测量电路的基本物理量。

【知识导航】

一、电路的组成

1. 电路

电路是由电源、用电器、导线和开关等组成的闭合回路。

2. 电路的组成

电路由电源、用电器、开关、中间环节组成，如图 2-1-1 所示。

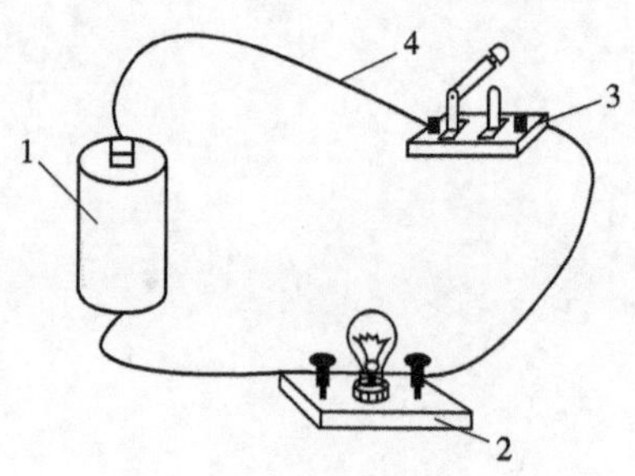

图 2-1-1　电路的组成
1-电源；2-用电器；3-开关；4-中间环节

（1）电源：把其他形式的能转化为电能的装置。在日常生产生活中常用的电源有发电机、蓄电池、干电池等，它们分别把机械能、化学能等转换成电能，如图2-1-2所示。

a)干电池

b)直流发电机

c)蓄电池

图 2-1-2　电源

(2)用电器:消耗电能的设备或者器件。其作用是把电能转化为其他形式的能,常称为电源负载。例如电灯、电动机、扬声器等都是负载。

(3)开关:起到把用电器与电源接通或断开的作用。

(4)中间环节:电路中的中间环节起着传输、分配和控制电能的作用。中间环节有的简单也有的非常复杂。简单的可以只有一根导线,复杂的可以是超大规模集成电路或电力输送线路。而在一般的电路分析中因为导线的电阻很小,所以常常把导线的电阻视为零。

二、电路的状态

(1)通路(闭路)状态:是指当电源与用电器接通电路时,有电流通过电源向用电器输送电能,并进行能量转化,又称为有载工作状态,如图 2-1-3a)所示。

(2)开路(断路)状态:是指电路中没有电流通过,不发生能量转化,又称为空载状态,如图 2-1-3b)所示。当电路中的开关处于断开状态时,开路为正常状态。而当开关为闭合状态时,电路仍为开路状态则属于电路故障,此时需要对电路进行检修。

(3)短路(捷路)状态:是指电源两端的导线直接相连,电源两端被电阻接近零的导体接通,如图 2-1-3c)所示。短路时电流很大,如果没有保护措施,电源或用电器会被烧坏且容易发生火灾。因此,应尽量避免短路状态。

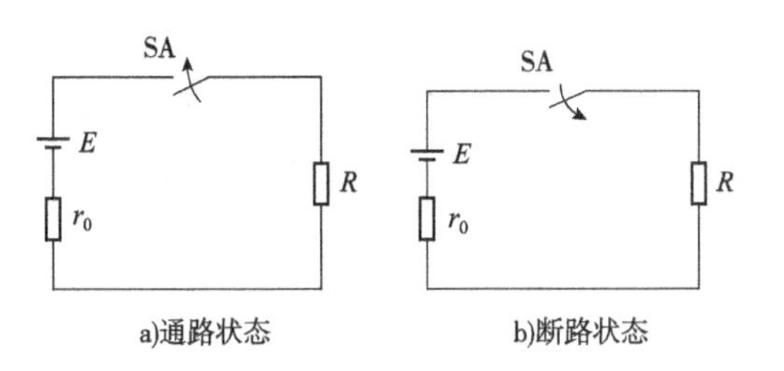

a)通路状态　　b)断路状态　　c)短路状态

图 2-1-3　电路的状态

三、电路图

为了研究电路的特性和功能,必须对电路进行科学抽象,用一些模型来代替实际电气元件和设备的外部功能,这种模型称为电路模型。构成电路模型的元件称为理想电路元件也称为电路元件或者模型元件。用国家规定的电气图形符号、文字符号来表示电路连接情况的图形称为电路图。

电路图中几种常见的电路元件符号,见表 2-1-1。

常用元件及其标准图形符号 表 2-1-1

名称	符　号	名称	符　号
电阻		电压表	V
电池		接地	⏚或⊥
电灯		熔断器	
开关		电容	
电流表	A	电感	

四、电路的基本物理量

1. 电流

1）电流的基本概念

只有运动的电荷才能带动电器，物理学上把带电微粒的定向移动叫作电流，电流的大小为单位时间内通过某一导体横截面的电荷量。计算电流的公式为

$$I=\frac{q}{t}$$

式中：I——电流，安培（A）；

q——电荷量，库仑（C）；

t——时间，秒（s）。

q 为时间 t 内通过导体横截面的电荷量，大小等于通过导体横截面的电荷量与通过这些电荷量所用时间的比值。

电流的国际单位为安培（A），常用的还有千安（kA）、毫安（mA）、微安（μA），1A = 1C/s。电流单位的换算：$1\text{A}=1000\text{mA}=10^3\text{mA}$；$1\text{kA}=1000\text{A}=10^3\text{A}$；$1\mu\text{A}=10^{-6}\text{A}$。

2）电流的方向

带电微粒的定向移动形成了电流，电流是矢量即有方向的量。通常规定正电荷运动的方向为电流的正方向，负电荷运动的方向为电流的负方向。由此可见在金属导体内部电流的方向和电子运动的方向相反，如图 2-1-4 所示。

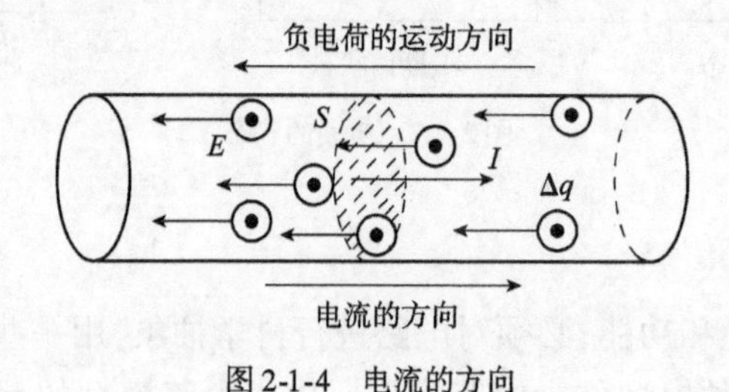

图 2-1-4　电流的方向

3）电流的类型

电流是既有大小又有方向的物理量。大小和方向不随时间变化的电流称为直流电流，用字母“DC”表示，在电路图中用“—”表示。直流电流大小和方向都随时间变化的电流称为

交流电流,用字母“AC”表示,在电路图中用“ ~ ”表示。如图 2-1-5 所示为两种电流的波形图。

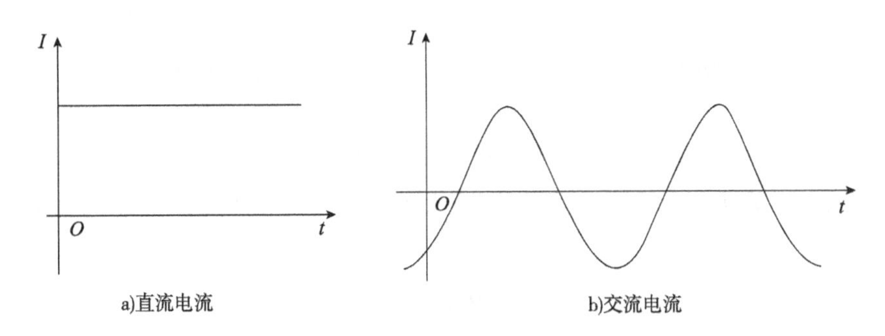

图 2-1-5　电流的波形图

4)电流的大小及其测量

电流的大小可以用适当量程的电流表直接测量,如图 2-1-6 所示。必须把电流表串联在电路中,使电流从标有“0. 6”或“3”的接线柱流入电流表,从标有“ - ”的接线柱流出电流表。

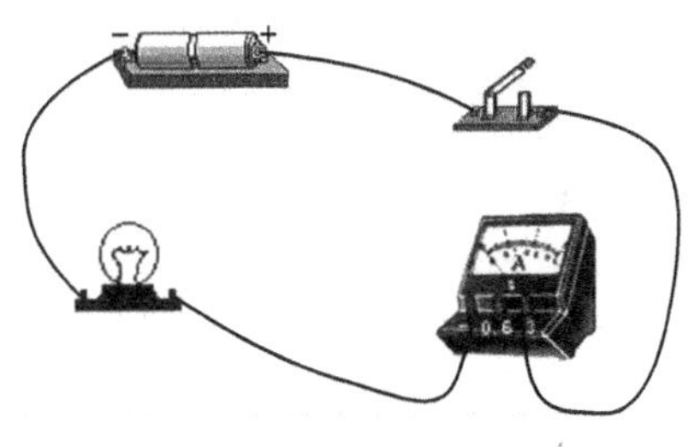

图 2-1-6　用电流表测量电流

在安装或维修时,电工一般用万用表的直流电流挡来测量直流电流。用钳形电流表来测量交流电流。

【例 2-1-1】　若某一段电路中,10s 内通过导体横截面的电荷量为 0. 1C(库仑),求导体中电流的大小。

解:

$$I = \frac{q}{t} = \frac{0.1}{10} = 0.01\text{A}$$

式中,I 为电流,单位为安培(A);q 为电荷量,单位为库仑(C);t 为时间,单位为秒(s)。

2. 电压

1)电压和电位的基本概念

电压是衡量电场力做功本领大小的物理量。在国际单位制中,电压的单位是伏特(V)。如果设正电荷由 A 点移到 B 点时电场力所做的功为 W,电场力把单位正电荷由 A 点移到 B 点所做的功在数值上等于 A、B 两点间的电压。则 A、B 两点间的电压为

$$U_{\text{AB}} = \frac{W}{q}$$

式中:U_{AB}——A、B 两点之间的电压,伏特(V);

W——电场力所做的功,焦耳(J);

q——电量,库仑(C)。

习惯上规定从高电位点指向低电位点为电压方向(实际方向),即电压降的方向。在分析电路时,也应选取电压的参考方向。当电压的实际方向与参考方向一致时,电压为正($U>0$);相反时,电压为负($U<0$),如图 2-1-7 所示。参考方向在电路图中可用箭头表示,也可用极性“ + ”、“ - ”表示。

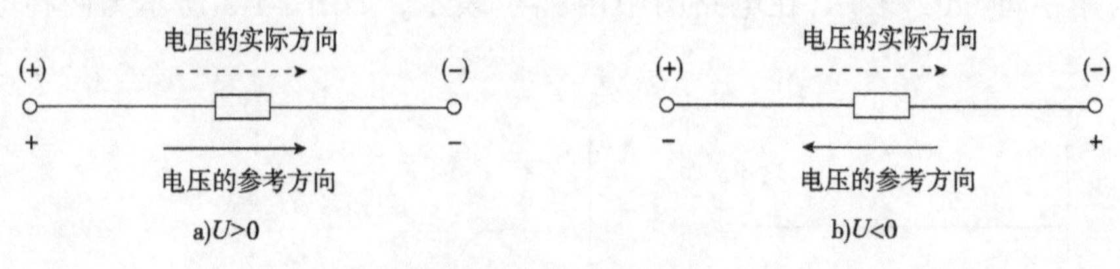

图 2-1-7　电压的方向

电位是度量电势能大小的物理量，在数值上等于电场力将单位正电荷从该点移到参考点所做的功，即

$$V=\frac{W}{q}$$

式中：V——电位，伏特(V)；

W——电场力所做的功，焦耳(J)；

q——电量，库仑(C)。

电压为两点间的电位差，用公式表示电压与电位的关系为

$$U_{AB}=V_A-V_B$$

式中：U_{AB}——A、B 两点间的电压，伏特(V)；

V_A——A 点的电位，伏特(V)；

V_B——B 点的电位，伏特(V)。

2）电动势

电动势是描述电源性质的重要物理量。在电源中，正电荷在电场力作用下不断从电源正极流向电源负极，同样，在电源内部，也有一种力将正电荷从电源负极移动到电源正极，这种力称为非静电力。非静电力不断地把正电荷从电源负极移动到电源正极，将其他形式的能转换为电能，使电源两端的电压保持不变。非静电力所做的功与被移动电荷的电量的比值，称为电源的电动势。如图 2-1-8 所示，锂电池上的标注“3.7 伏”即为该电池的电动势。

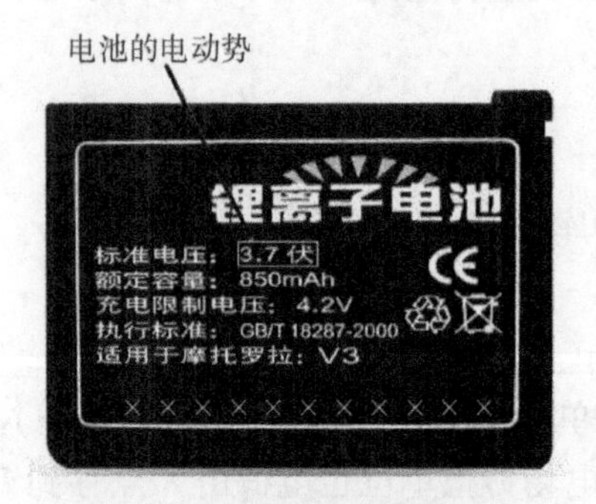

图 2-1-8　锂电池的电动势标注

3）电压的方向、大小及测量

电路中两点 A、B 之间电压，是指正电荷因受电场力作用从 A 点移动到 B 点所做的功，电压的方向规定为从高电位指向低电位的方向。

电压的大小可分别用适当量程的电压表（或万用表的直流电压挡）测量，如图 2-1-9 所示。

我国规定标准电压有许多等级，经常接触的有：安全电压 12V、36V，民用市电单相电压 220V，低压三相电压 380V，城乡高压配电电压 10kV 和 35kV，长距离超高压输出电压 330kV 和 500kV。

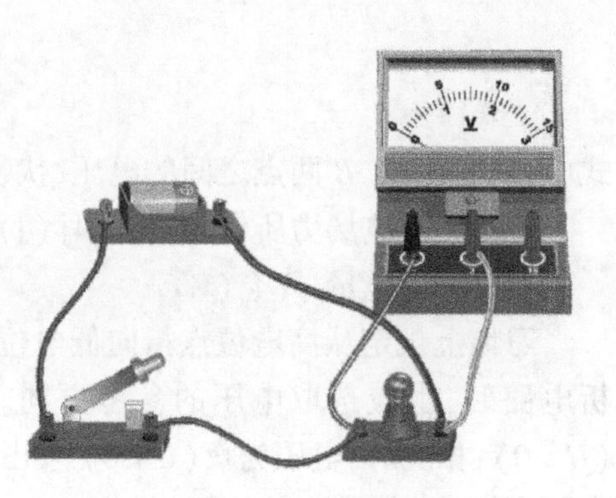

图 2-1-9　电压表测量电压

电压的国际单位为伏特(V),常用的还有千伏(kV)、毫伏(mV)、微伏(μV)。

电压单位的换算:$1V = 1000mV = 10^3 mV$;$1kV = 1000V = 10^3 V$;$1\mu V = 10^{-6} V$。

3. 电功和电功率

1)电功

电流流过负载时对负载所做的功称为电功,用符号 W 表示。在一段电路中,电流对导体所做的功与导体两端的电压 U(V)和通过导体的电流 I(A)以及通电时间 t(s)成正比,其计算公式为

$$W = UIt$$

电功的国际单位是焦耳(J)。在工程上,常用的电功单位为千瓦时(kW · h),俗称度。

2)电功率

不同的用电器在相同时间内的用电量是不同的,即电流做功快慢是不一样的。电流做功快慢用电功率描述,其大小等于时间 t 内电流所做的功 W,即

$$p = \frac{W}{t} = UI$$

电功率的国际单位为瓦特,简称瓦(W),常用的电功率单位还有千瓦(kW)、毫瓦(mW)等。

电功率单位的换算:$1W = 1000mW = 10^3 mW$;$1kW = 1000W = 10^3 W$。

【任务实施】　测量电流、电压

一、仪表、器材

1. 所用仪表

电流表、电压表或万用表。

2. 所用器材

开关一个,1.5V 电池若干个,小灯珠若干个,电池盒,导线若干。

二、任务实施步骤及要求

由图 2-1-1 可知:小灯珠电路由电池、导线、开关、灯座灯珠组成一个完整的电路。

任务实施步骤见表 2-1-2。

任 务 实 施 步 骤　　表 2-1-2

步骤	实 施 过 程	注意事项及要求
1	组装一个小灯珠的电路,将电池放入电池盒中,用导线把一个灯珠、开关连接起来,组成一个完整的电路。闭合开关,小灯珠发光	在连接电路过程中,开关必须断开,若使用没有连接端子的导线连接电路,应将导线按顺时针方向绕在接线柱上,并按顺时针方向绕紧。绝对不允许不经过用电器直接用导线把电池的两极连接起来。拆除电路时,要先断开开关

续上表

步骤	实施过程	注意事项及要求
2	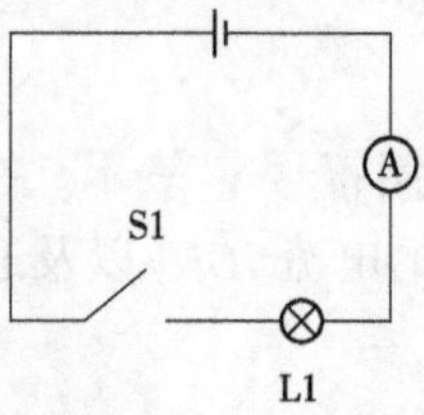 S1 A L1	画出电路图。用导线、灯泡、电池等相关的电路符号连接一个简单的电路
3	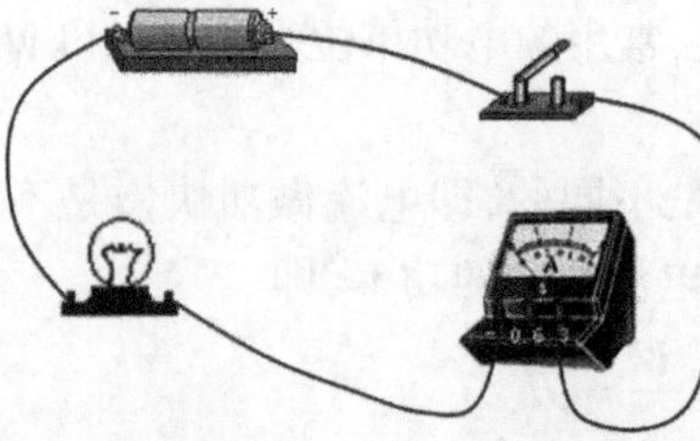 在连接好小灯珠电路的基础上按上图把电流表接入电路中,合上开关,读出电流表的读数	连接电路时电流表应与负载(小灯珠)串联,检查指针是否指零,电流表应串联在电路中,"+"、"-"接线柱的接法要正确,绝对不允许将电流表直接接到电源的两极上,被测电流不要超过电流表的量程
4	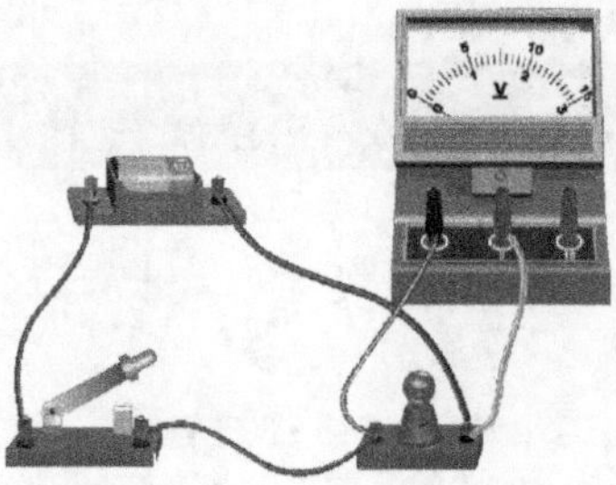 在连接好小灯珠电路的基础上按上图把电压表接入电路中,合上开关,读出电压表的读数	连接电路时电压表应与负载(小灯珠)并联,开关应断开,选择电压表合适的量程,电压表要与所测用电器并联。注意电压表的正负接线柱不要接反

【任务评价】

项目	内容	配分	考核要求	扣分标准	自评分	教师评分
工作态度	(1)工作的积极性; (2)安全操作规程的遵守情况; (3)纪律遵守情况和团结协作精神	20	工作过程积极参与,遵守安全操作规程和劳动纪律,有良好的职业道德、敬业精神及团结协作精神	违反安全操作规程扣20分,其余不达要求酌情扣分; 当实训过程中他人有困难能给予热情帮助则加5~10分		
连接电路	根据工作任务要求,选用合适的元器件、仪表,连接基本电路	25	正确进行基本电路连接	线路连接错误造成断路、短路故障,每次扣10分; 电路元件损坏,每只扣5分; 导线损坏,每条扣3分; 电流或者电压表损坏,每只扣25分		

续上表

项目	内　　容	配分	考核要求	扣分标准	自评分	教师评分
测量要求	将电流表或者电压表接入电路中，使用电流表、电压表测量电流和电压值，读取电流电压值	25	正确连接电流表、电压表，选择合适的量程，测量电流和电压值，正确读取电流值和电压值	灯座、开关、导线连接松动，每处扣3分，导致电路中出现火花，每处扣10分； 电流表或电压表接错，每处扣5分，测量量程选择不恰当，每次扣2分； 读数误差超过10%，每个读数扣3分，误差在5%~10%之间，每个读数扣2分； 未能在规定时间内完成任务酌情扣分		
理论知识	判断电路组成、电路三种工作状态，电压、电流、功率的概念	20	能正确判断电路组成、电路二种工作状态，知道电压、电流、功率的概念	根据回答问题情况酌情扣分		
工作报告	(1)工作报告内容完整； (2)工作报告卷面整洁	10	工作报告内容完整，测量数据准确合理； 工作报告卷面整洁	工作实训报告内容欠完整，酌情扣分； 工作报告卷面欠整洁，酌情扣分		
合计		100				

注：各项配分扣完为止。

思考与练习题

1. 电路由哪几部分组成？

2. 简述电路的三个基本物理量的概念。

3. 在__________的作用下，电荷定向移动形成电流。

4. 电压的表示符号__________国际单位是__________用字母__________表示。

5. (1)对人体的安全电压是__________伏。

(2)一节干电池的电压是__________伏 = __________毫伏。

(3)我国家庭电路的电压是__________伏 = __________千伏。

6. 如图2-1-10所示的电路中，开关S闭合时，电压表所测得的电压是(　　)。

A. 电灯 L_1 两端的电压　　B. 电灯 L_2 两端的电压

C. 电灯 L_1 和 L_2 两端的电压　　D. 电源电压

7. 如图2-1-11所示电路中，甲、乙是两只电表，闭合开关S后，两灯泡都能发光，则(　　)。

A. 甲是电流表，乙是电压表

B. 甲是电压表，乙是电流表

C. 甲、乙都是电流表

D. 甲、乙都是电压表

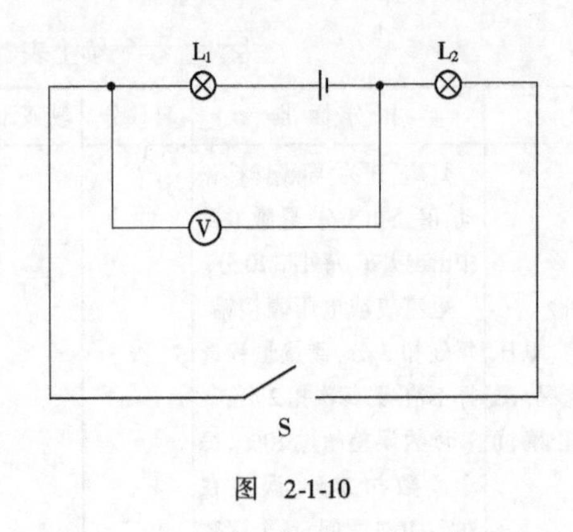

图 2-1-10

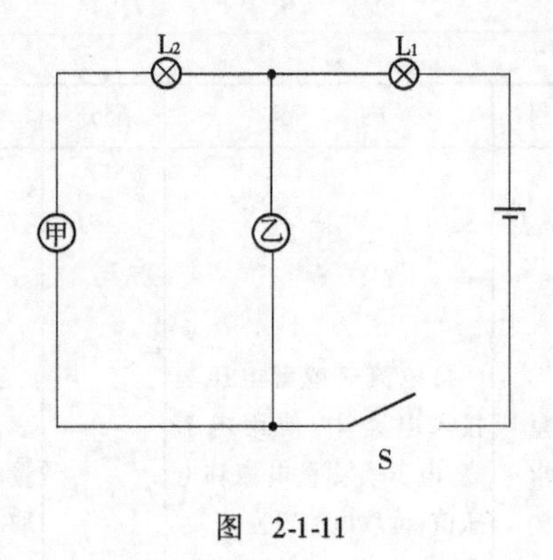

图 2-1-11

任务二 搭接可调光的小灯珠电路

【任务目标】

1. 明确串联电路的概念；
2. 了解常用电路元件；
3. 掌握欧姆定律；
4. 了解万用表电阻挡测量电阻时读数的读取；
5. 能选择适当仪表测量电阻器。

【任务分析】

在前面一个任务中我们接触到的是简单的小灯珠电路，对电源而言，只有一个固定的负载，电源电压的大小和负载小灯珠的参数就决定了小灯珠的亮度（消耗的电功率）。而在生产和生活中，负载所消耗的功率不仅与电源电压、负载电阻有关，还与电路中的其他参数有关。理解串联电路的基本知识是分析直流电路的基础，完成本任务对分析直流电路极为重要。

【知识导航】

一、电阻元件

1）电阻定义及表达式

金属导体中的自由电子在运动的过程中会不断地与金属中的离子发生碰撞，从而阻碍了其定向移动，这种阻碍作用就称为电阻，用符号 R 或 r 表示。电阻的定义为：当导体两端加 1V 电压，通过的电流是 1A 时，导体的电阻就是 1Ω。在国际单位制中，电阻的单位为欧姆（Ω），常用的电阻单位还有千欧（kΩ）、兆欧（MΩ）等。

在电路中，导线常被看作电阻为零的理想导体。但在实际电路中，线路电阻的存在是不容忽视的。在温度不变时，导线的电阻与导线所用材料的电阻率、长度成正比，与导线的横

截面积成反比，即

$$R=\frac{\rho L}{S}$$

式中：L——导线的长度(m)；

S——导体的横截面积(m^2)；

ρ——导线材料的电阻率($\Omega\cdot m$)。

表2-2-1所示是常用导线材料在20℃时的电阻率。

常用导线材料在20℃时的电阻率　　表2-2-1

材料名称	电 阻 率	材料名称	电 阻 率
银	1.65×10^{-8}	钨	5.48×10^{-8}
铜	1.75×10^{-8}	铁	9.78×10^{-8}
铝	2.83×10^{-8}		

2)电阻器及其标注

电阻器是用碳及镍镉合金等材料制成的一种具有一定阻值的电气元件，在电路中能起降压和限流等作用。电阻器按阻值是否可变分为可变电阻器、固定电阻器和敏感电阻器三大类。常见电阻器外形如图2-2-1所示。

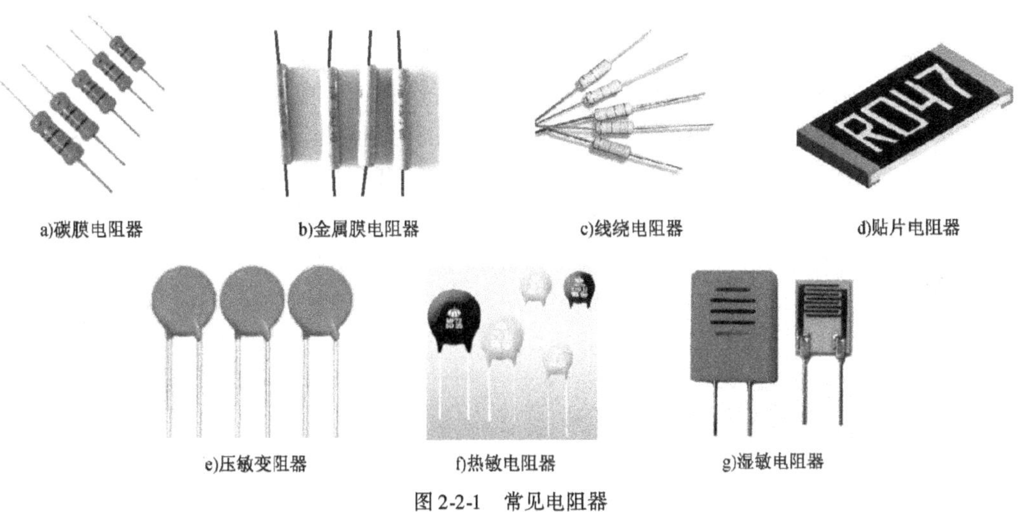

a)碳膜电阻器　b)金属膜电阻器　c)线绕电阻器　d)贴片电阻器

e)压敏变阻器　f)热敏电阻器　g)湿敏电阻器

图2-2-1　常见电阻器

电阻器有3个主要参数，分别为标称阻值、允许误差和额定功率。

一般采用3种方法标注在电阻器上：

(1)直标法

把电阻值、电功率和误差直接标注在电阻器上，如图2-2-2所示，电阻的标称阻值为3.3kΩ，允许误差为±5%，额定功率为2W。

(2)文字符号法

用数字和文字符号，或者两者的结合标注电阻器的阻值。不管是3位文字符号标注还是4位文字符号标注，最后一位表示的都是电阻值的倍率，其余的数字位表示电阻值的有效数字。如363，表示$36\times10^3\Omega$，1505表示$150\times10^5\Omega$。

(3)色标法

用电阻器上的4条或5条不同颜色的色环表示电阻值的标注方法。一般电阻器上多采用四色环标注法,其中前3条表示电阻器的电阻值,最后一条表示误差,如图2-2-3所示,具体识别方法可查阅元件手册。

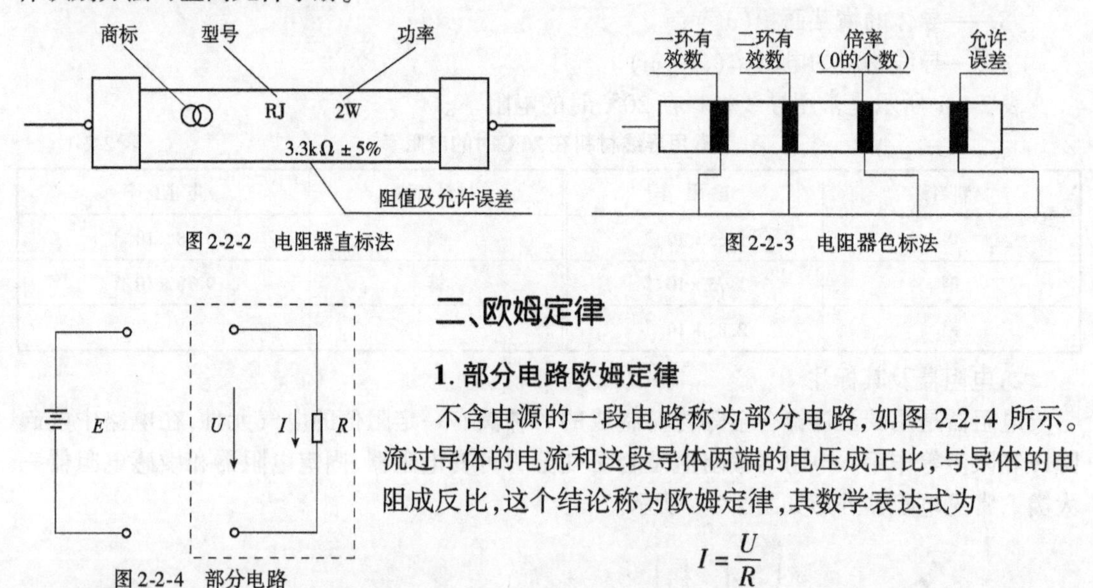

图2-2-2　电阻器直标法

图2-2-3　电阻器色标法

图2-2-4　部分电路

二、欧姆定律

1. 部分电路欧姆定律

不含电源的一段电路称为部分电路,如图2-2-4所示。流过导体的电流和这段导体两端的电压成正比,与导体的电阻成反比,这个结论称为欧姆定律,其数学表达式为

$$I=\frac{U}{R}$$

电阻元件的特性一般用伏安特性来表示,伏安特性指的是电阻元件两端的电压 U 与通过其电流 I 的关系。若电阻器两端的电压与通过它的电流成正比,则其伏安特性曲线为线性,如图2-2-5a)所示;反之,若电阻两端的电压与通过它的电流不是线性关系,则其伏安特性曲线为非线性,如图2-2-5b)所示。

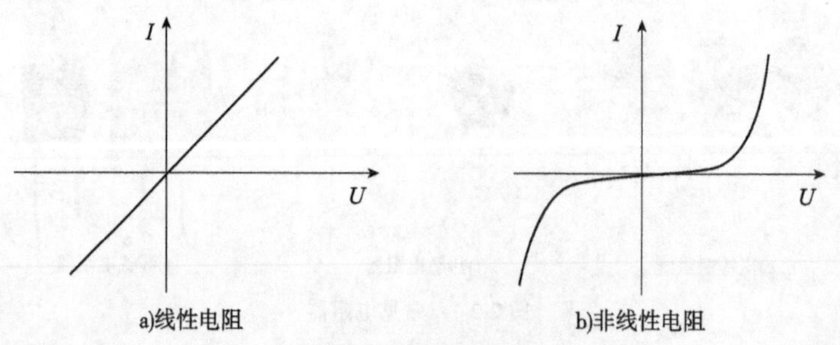

图2-2-5　伏安特性曲线

2. 全电路欧姆定律

全电路是指含有电源的闭合电路,如图2-2-6所示。电源以外的电路称为外电路,外电路的电阻 R 称为外电阻;电源内部的电路称为内电路,电源的内部也有电阻 r,称为内电阻。

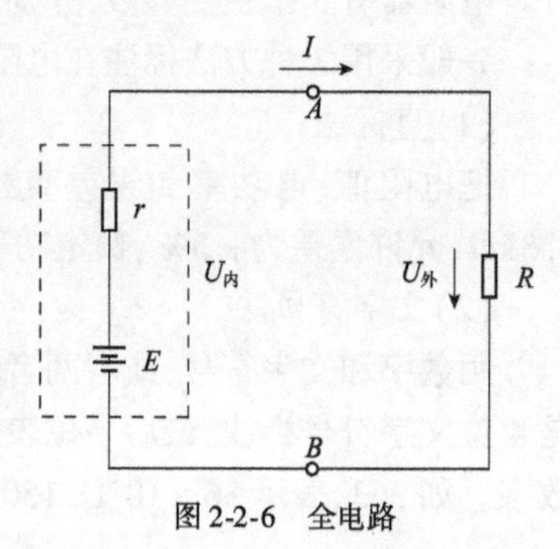

图2-2-6　全电路

全电路中的电流强度 I 与电源的电动势 E 成正比,与整个电路的电阻(即内电路总电阻 r 和外电路总电阻 R 的总和)成反比。这个规律称为全电路欧姆定律,其数学表达式为

$$I=\frac{E}{R+r}$$

外电路总电阻 R(负载电阻)上的电压称为外电压,也称为路端电压。根据部分电路欧姆定律可知

$$U=IR=E-Ir$$

内电阻 r 上的电压称为内电压,根据部分电路欧姆定律可知

$$U_r=Ir$$

对于给定的电源,E 和 r 是不变的。当负载电阻 $R\to\infty$ 即断路时,$I=0$,$U=E$,即电源的电动势在数值上等于路端电压。利用这一特点,可用电压表测量电源的电动势。当负载 R 变小时,电流 I 变大,内电阻上的电压变大,路端电压 U 随之变小。当负载电阻 $R=0$ 即短路时

$$I=\frac{E}{r}$$

由于内电阻 r 一般都很小,因而电路中的电流比正常工作电流大很多,如果没有熔断器,会导致电源和导线烧毁。

三、电阻串联

1. 串联定义

把两个或两个以上的电阻,一个接着一个地连成一串,使电流只有一条通路的连接方式叫作电阻的串联。其电路称为串联电路。

如图 2-2-7 所示串联电路的等效电路如图 2-2-8。R 叫作 R_1、R_2、…、R_n 串联的等效电阻,其意义是用 R 代替 R_1、R_2、…、R_n 后,不影响电路的电流和电压。

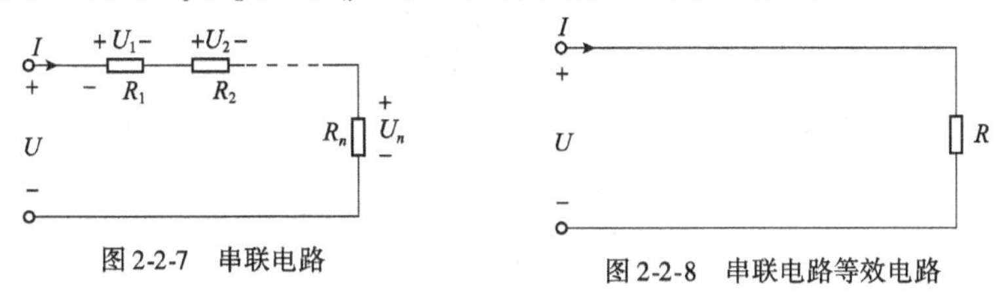

图 2-2-7　串联电路　　图 2-2-8　串联电路等效电路

2. 串联电路的特点

(1)串联电路中电流处处相等,即:$I=I_1=I_2=\cdots=I_n$;

(2)电路两端的总电压等于串联电阻上分电压之和,即:$U=U_1+U_2+\cdots+U_n$;

(3)串联电路的总电阻等于各个电阻之和,即:$R=R_1+R_2+R_3+\cdots+R_n$;

(4)串联电路中各电阻两端的电压与它的阻值成正比,即:

$$\frac{U}{R}=\frac{U_1}{R_1}=\frac{U_2}{R_2}=\frac{U_3}{R_3}=\cdots=\frac{U_n}{R_n}$$

(5)串联电路中各电阻消耗的功率与它的阻值成正比,即:$\frac{P_1}{R_1}=\frac{P_2}{R_2}=\frac{P_3}{R_3}=\cdots=\frac{P_n}{R_n}$。

【例 2-2-1】　三个电阻 R_1、R_2、R_3 组成的串联电路,$R_1=1\Omega$,$R_2=3\Omega$,R_2 两端电压 $U_2=6V$,总电压 $U=18V$,求电路中的电流及电阻 R_3 的阻值大小。

解:根据欧姆定律:

$$I_2=\frac{U_2}{R_2}=\frac{6}{3}=2\text{A}$$

由于串联电路电流处处相等,所以:

$$I_1=I_2=I=2\text{A}$$

根据欧姆定律,可求得电路的总电阻为:

$$R=\frac{U}{I}=\frac{18}{2}=9\Omega$$

由于串联电路总电阻等于各串联电阻之和,所以:

$$R_3=R-R_1-R_2=9-1-3=5\Omega$$

3. 串联电阻的应用

电阻串联的应用很广泛,在实际工作中常见的应用有:

(1)用几种电阻串联来获得阻值较大的电阻;

(2)采用几个电阻构成分压器,使同一电源能供给几种不同的电压;

(3)当负载的额定电压低于电源电压时,可用串联的办法来满足负载接入电源的需要;

(4)利用串联电阻的方法来限制和调节电路中电流的大小;

(5)在电工测量中广泛应用串联电阻的方法来扩大电表测量电压的量程。

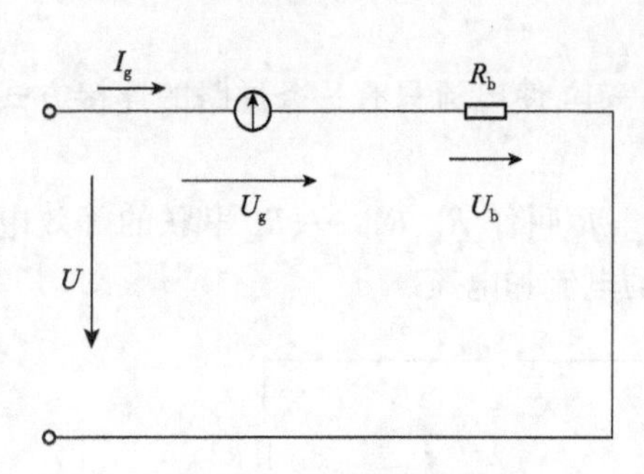

图 2-2-9　电流表头电路

【例 2-2-2】　有一个表头,如图 2-2-9 所示,它的满刻度电流 I_g 是 50μA(即允许通过的最大电流),内阻 r_g 是 3kΩ。若改装成量程(即测量范围)为 10V 的电压表,应串联多大的电阻?

解: 当表头满刻度时,表头两端的电压 U_g 为

$$U_g=I_g r_g=50\times10^{-6}\times3\times10^{3}=0.15\text{V}$$

显然用它直接测量 10V 电压是不行的,需要串联分压电阻以扩大测量范围(量程)。设量程扩大到 10V 所需要串入的电阻为 R_b,则:

$$R_b=\frac{U_b}{I_g}=\frac{U-U_g}{I_g}=\frac{10-0.15}{50\times10^{-6}}=197\text{k}\Omega$$

即应串联 197kΩ 的电阻,才能把表头改装成量程为 10V 的电压表。

四、电阻的测量方法

1. 伏安法测电阻

用电压表测出电阻两端的电压 U,用电流表测出通过电阻的电流 I,利用部分电路欧姆定律可以算出电阻的阻值:

$$R=\frac{U}{I}$$

电流表外接法适合测量小电阻,即 $R \ll R_V$,如图 2-2-10 所示。

电流表内接法适合测量大电阻,即 $R \gg R_A$,如图 2-2-11 所示。

图 2-2-10　电流表外接法　　图 2-2-11　电流表内接法

2. 欧姆挡测量电阻

先将万用表的挡位打到欧姆挡,将两表笔搭在一起短路,使指针向右偏转,随即调整“Ω”调零旋钮,使指针恰好指到 0,如图 2-2-12 所示。然后将两根表笔分别接触被测电阻(或电路)两端,读出指针在欧姆刻度线(第一条线)上的读数,再乘以该挡标的数字,就是所测电阻的阻值,如图 2-2-13 所示。

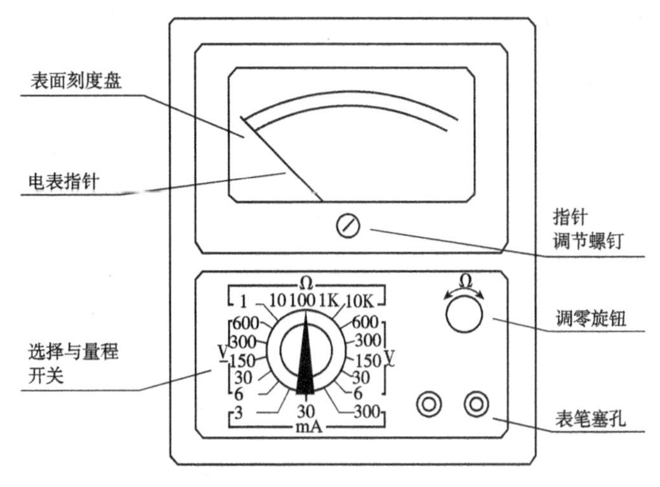

图 2-2-12　指针式万用表

例如用 $R \times 100$ 挡测量电阻,指针指在 80,则所测得的电阻值为 $80 \times 100 = 8\text{k}(\Omega)$。由于“Ω”刻度线左部读数较密,难于看准,所以测量时应选择适当的欧姆挡。使指针在刻度线的中部或右部,这样读数比较清楚准确。每次换挡,都应重新将两根表笔短接,重新调整指针到零位,才能测准。

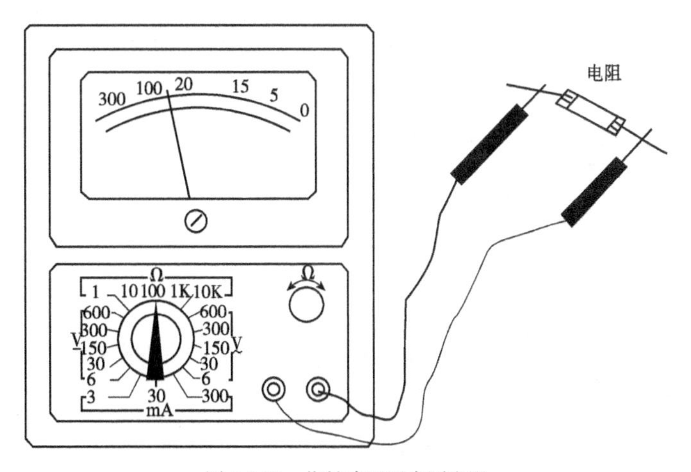

图 2-2-13　指针式万用表测电阻

【任务实施】

实验一　伏安法测电阻

一、仪表、器材

1. 所用仪表

直流电流表、直流电压表。

2. 所用器材

小灯珠或者待测电阻 R_X、直流电源、滑动变阻器、开关一个、导线若干。

二、任务实施步骤及要求

如图 2-2-14 所示，可调光的小灯珠电路由导线、开关、直流电源、直流电压表、直流电流表、滑动变阻器组成。

简单电路一般由电源、负载、连接导线、中间环节(开关、保护电器、控制电器等)四个部分组成。电路各组成部分既相互独立又彼此联系，任何一个环节出现故障，都会影响整个电路的正常工作。

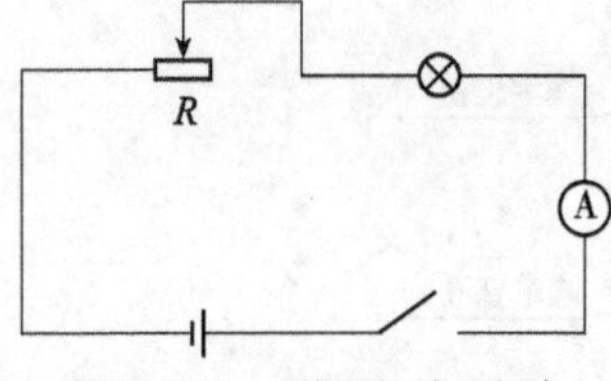

图 2-2-14　可调阻(光)电路

当开关合上时，电流通过小灯珠，小灯珠得电发光。通过左右滑动滑动电阻器滑臂触头，可改变滑动变阻器的阻值，调节小灯珠的亮度。

任务实施步骤见表 2-2-2。

任 务 实 施 步 骤　　表 2-2-2

步骤	实 施 过 程	注意事项及要求
1	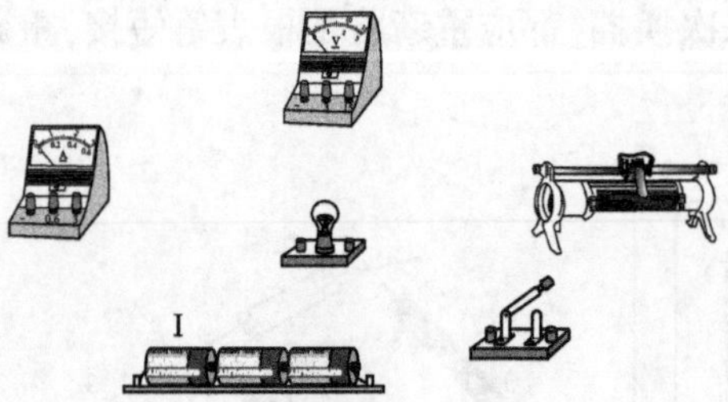	按照图 2-2-14 进行电路连接； 断开开关；先连串联，再连并联；注意电表的正负接线柱
2	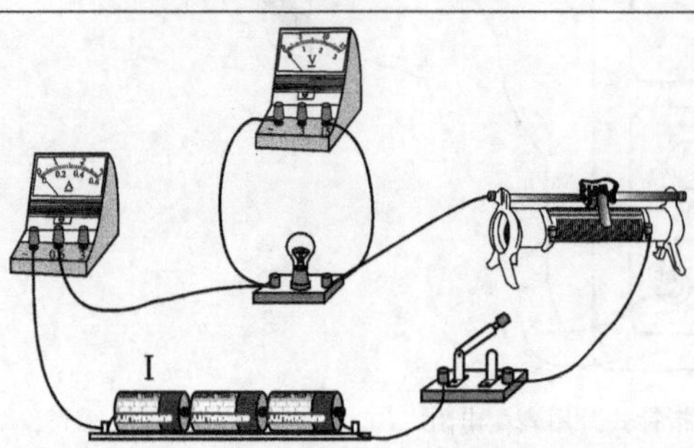	连好后的电路实物图

续上表

<table>
<tr><th>步骤</th><th>实施过程</th><th>注意事项及要求</th></tr>
<tr><td>3</td><td></td><td>对直流电流表和直流电压表进行读数：
如果电流表与电压表的指针反向偏转，问题是电流表和电压表的“+”、“-”接线柱接反；
如果电流表和电压表的指针偏转角度很小，问题是电压表和电流表的量程可能都选择过大或电源电压可能过低；
如果电流表指针超过最大值，问题是量程可能选择过小；
如果滑动变阻器滑动时，电表示数及小灯珠亮度无变化，问题是滑动变阻器没有“一上一下”连接；
如果闭合开关，小灯珠不亮，电流表、电压表无示数，问题是滑动变阻器阻值太大或接触不良或灯丝等断开或电源等原件可能损坏；
如果闭合开关，小灯珠不亮，电流表几乎无示数、电压表指针明显偏转（或示数等于电源电压），问题是小灯珠的灯丝可能断了或灯座与小灯珠接触不良；
如果在调节滑动变阻器的滑片时，发现小灯珠变亮了，而电压表的示数却减小了，问题是将电压表错接在了滑动变阻器两端</td></tr>
<tr><td>4</td><td>记录实验数据<table>
<tr><th>实验次序</th><th>电压 U(V)</th><th>电流 I(A)</th><th>电阻 R(Ω)</th></tr>
<tr><td>1</td><td>1</td><td>0.22</td><td>4.5</td></tr>
<tr><td>2</td><td>1.5</td><td>0.32</td><td>4.7</td></tr>
<tr><td>3</td><td>2</td><td>0.42</td><td>4.7</td></tr>
</table></td><td>左边表格是某同学的实验记录，则被测电阻的阻值应为4.7Ω，对于定值电阻要多次测量，求平均值以减小误差；
若将待测电阻换成小灯珠，小灯珠的电阻随温度的升高而增大，故不能求平均值</td></tr>
</table>

实验二　线性电阻元件伏安特性的测量(备选)

一、仪表、器材

1. 所用仪表

稳压电源、万用表。

2. 所用器材

可调电阻、碳膜电阻、导线若干。

二、任务实施步骤及要求

如图 2-2-15 所示，电路由导线、稳压电源、万用表、可调电阻、碳膜电阻等组成。

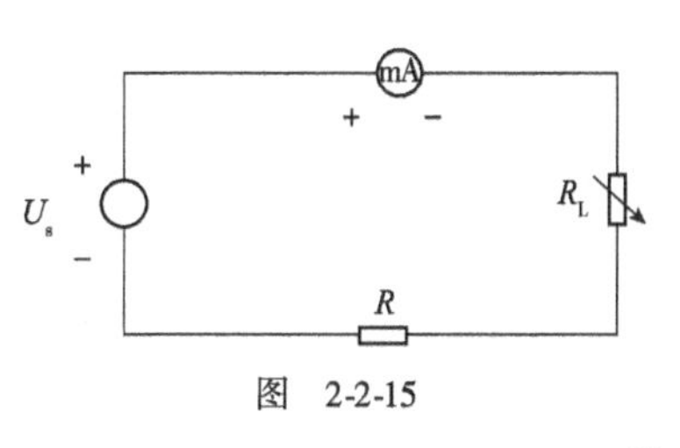

图　2-2-15

万用表在测量电阻时应在标有“Ω”的刻度线上看读数，表针所指示的读数乘以旋钮所指的倍数，就是被测电阻的阻值。在测量前，应先将两表笔短接，进行调零(每选择一个新挡位就应进行调零)，以保证测量的准确。电阻的测量，一定要在无源及无其他并联支路的情况下进行。

直流电压、电流的测量，读数应看标有“DC”或“V · mA”符号的刻度线，此时旋钮所指的数值，即直流电压或电流的最大量限，表针停留的位置就是直流电压或电流的数值。

任务实施步骤见表2-2-3。

任务实施步骤 表2-2-3

<table>
<tr><th>步骤</th><th>实施过程</th><th>注意事项及要求</th></tr>
<tr><td>1</td><td>用万用表的电阻挡，测量10只电阻的阻值，并记录于下表中。
注意：电阻阻值的实际测量值与标称值存在误差
<table>
<tr><td>电阻</td><td>R_1</td><td>R_2</td><td>R_3</td><td>R_4</td><td>R_5</td><td>R_6</td><td>R_7</td><td>R_8</td><td>R_9</td><td>R_{10}</td></tr>
<tr><td>标称阻值</td><td></td><td></td><td></td><td></td><td></td><td></td><td></td><td></td><td></td><td></td></tr>
<tr><td>测量阻值</td><td></td><td></td><td></td><td></td><td></td><td></td><td></td><td></td><td></td><td></td></tr>
<tr><td>误差</td><td></td><td></td><td></td><td></td><td></td><td></td><td></td><td></td><td></td><td></td></tr>
</table></td><td></td></tr>
<tr><td>2</td><td>将稳压电源的输出端与可调电阻按图2-2-15连接，可调电阻的阻值调至1kΩ，接通电源，将电源电压从0V开始逐渐增加，每增加2V记录一次电流值，将测得数据填入表中，并画出该电阻的伏安特性曲线
<table>
<tr><td>U_S(V)</td><td></td><td></td><td></td><td></td><td></td><td></td><td></td><td></td></tr>
<tr><td>I(mA)</td><td></td><td></td><td></td><td></td><td></td><td></td><td></td><td></td></tr>
</table>
U_s(V)
I(mA)
O</td><td>电压的极性和电流的方向应与实际的极性和方向相符，否则表针将反偏，造成仪表的损坏；
以上测试必须正确选择量程，尽量使表针停在表盘刻度的2/3以上的范围内；
实验中稳压电源的输出端不允许短路；
在测量直流电压、电流时，表笔的正端(红色)应接高电位点，负端(黑色)接低电位点</td></tr>
</table>

【任务评价】

项目	内容	配分	考核要求	扣分标准	自评分	教师评分
工作态度	(1)工作的积极性； (2)安全操作规程的遵守情况； (3)纪律遵守情况和团结协作精神	15	工作过程积极参与，遵守安全操作规程和劳动纪律，有良好的职业道德、敬业精神及团结协作精神	违反安全操作规程扣15分，其余不达要求酌情扣分； 当实训过程中他人有困难能给予热情帮助则加5~10分		
连接电路	根据工作任务要求，选用合适的元器件、操作工具和对应仪表，连接小灯珠和电阻器串联电路	25	小灯珠和电阻器串联电路连接正确	线路连接错误造成断路、短路故障，每条线扣5分； 小灯珠或电阻器损坏，每只扣5分； 导线损坏，每条扣3分； 电流或者电压表损坏，每只扣25分		

续上表

项目	内　　容	配分	考核要求	扣分标准	自评分	教师评分
测量要求	将电流表或者电压表接入电路中，使用电流表、电压表测量电流和电压值，读取电流电压值	25	正确连接电流表、电压表，选择合适的挡位，测量电流和电压值，正确读取电流值和电压值	电流表或电压表接错或接反，每处扣5分，测量挡位选择不恰当，每次扣2分； 读数误差超过10%，每个读数扣3分，误差在5%～10%之间，每个读数扣2分； 未能在规定时间内完成任务酌情扣分		
理论知识	串联电路的概念、欧姆定律、常用电路元件、万用表的使用	20	知道串联电路的概念，能正确运用欧姆定律认知常用电路元件，能正确使用万用表	根据回答问题情况酌情扣分		
工作报告	（1）工作报告内容完整； （2）工作报告卷面整洁	15	工作报告内容完整，测量数据准确合理； 工作报告卷面整洁	工作实训报告内容欠完整，酌情扣分； 工作报告卷面欠整洁，酌情扣分		
合计		100				

注：各项配分扣完为止。

思考与练习题

1. 有一盏额定电压为 $U_1=4\text{V}$、额定电流为 $I=0.5\text{A}$ 的电灯，应该怎样把它接入电压 $U=12\text{V}$ 电路中安全正常使用。

2. 某电阻允许通过的最大电流是2A，把它接在36V的电路中时，通过的电流是0.5A，问它能否可接在220V的电路中使用？

3. 如图2-2-16所示，电源电压保持不变，$R_1=30\Omega$，电流表 A_1 的示数为0.4A，A_2 的示数为0.8A，求电源电压和 R_2 的阻值各为多少？电路的总电流为多少？

4. 如图2-2-17所示，电源电压保持不变，开关闭合后，若 P 向右移动，则电压表、电流表示数的变化分别为（　　）。

A. 电压表示数变大、电流表示数变小　　B. 电压表示数变大、电流表示数变大

C. 电压表示数变小、电流表示数变大　　D. 电压表示数变小、电流表示数变小

5. 如图2-2-18所示电路中，电源电压为6V，开关S闭合后，灯L不发光。用电压表测得电阻 R 两端的电压为6V，这说明：（　　）。

A. 灯L和电阻 R 均完好　　B. 灯L完好而电阻 R 断了

C. 灯L断路而电阻 R 完好　　D. 灯L和电阻 R 都断路

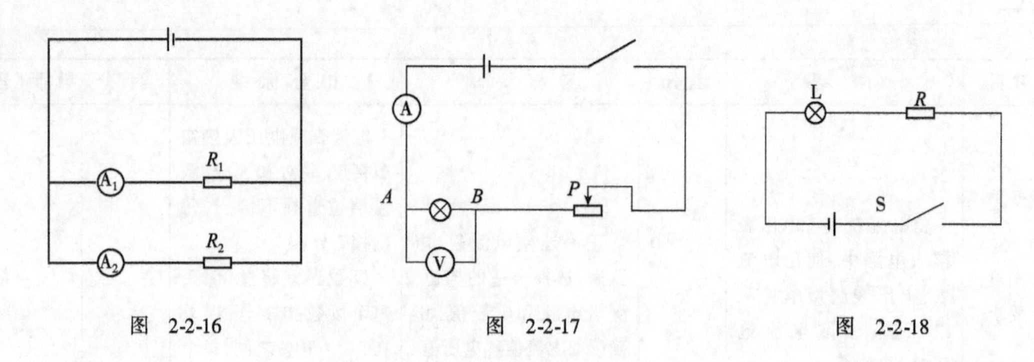

图 2-2-16　　图 2-2-17　　图 2-2-18

任务三　安装一个开关控制一盏白炽灯的照明电路

【任务目标】

1. 掌握直流电、交流电的概念；
2. 理解正弦交流电基本参数（f、T、U、U_m、I、I_m）含义；
3. 能选择适当仪表测量正弦交流电路的电流、电压的大小；
4. 会使用合适的工具，进行导线的剥线、连接及绝缘恢复；
5. 会用万用电表检查电路；
6. 会正确安装用单个开关控制一盏灯的电路。

【任务分析】

在前面两个任务中我们接触到的是直流电路，其电压、电流的大小和方向是恒定的，不随时间变化。而在生产和生活中，使用的大多是交流电。理解正弦交流电的基本参数是分析正弦交流电路的基础，完成本任务对分析单相交流电路、三相交流电路极为重要。

【知识导航】

一、电路中电流、电压的大小和方向

1. 电流及其方向

电流就是电荷的定向运动。电流的实际方向规定为正电荷定向运动的方向。

在金属导体中，电流是因为带负电的自由电子的定向运动而形成的，所以电流的方向与自由电子定向运动的方向相反。

2. 电流的大小及其测量

电流的大小可以用适当量程的电流表直接测量。在需要检测电流的电路中，可在配电板上安装电流表来测量电流，如图 2-3-1 所示。

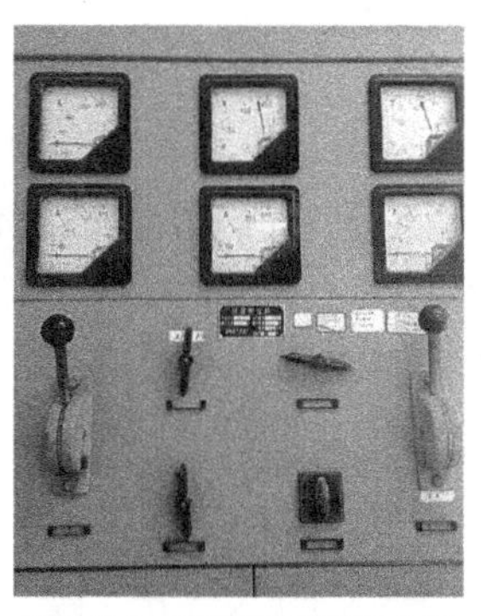
图 2-3-1　安装在配电板上的电压表、电流表

在安装或维修时，电工一般用万用表的直流电流挡来测量直流电流，如图 2-3-2 所示。用钳形电流表来测量交流电流，如图 2-3-3 所示。

直流电流的大小用大写字母 I 表示，单位为安培（A）。电路中电流的大小有时可以通过测量得到，有时可以通过计算得知。

【例 2-3-1】　若某一段电路中，5s 内通过导体横截面的电量为 0.05 库仑（C），求导体中电流的大小。

解：

$$I=\frac{q}{t}=\frac{0.05}{5}=0.01\text{A}=10\text{mA}$$

式中，I 为电流，单位为安培（A）；q 为电荷量，单位为库仑（C）；t 为时间，单位为秒（s）

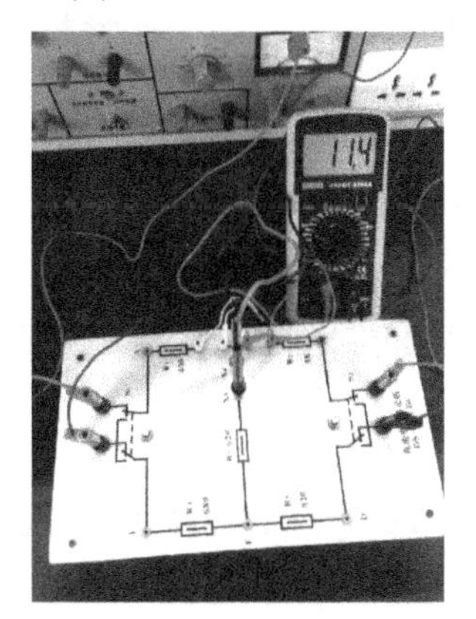

图 2-3-2　万用电表测电流

图 2-3-3　钳形电流表测量交流电流

3. 电压的方向、大小及测量

电路中两点 A、B 之间电压，是指正电荷因受电场力作用从 A 点移动到 B 点所做的功。规定电压的方向为从高电位指向低电位的方向。

直流、交流电压的大小可分别用适当量程的直流、交流电压表（或万用表的直流、交流电压挡）测量，如图 2-3-4 所示。

a)直流电压的测量

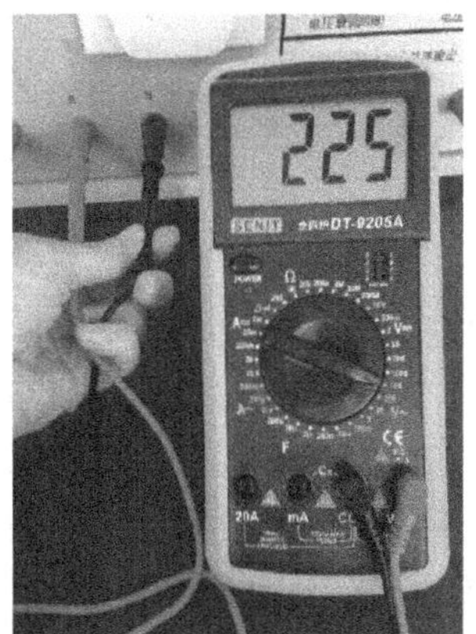

b)交流电压的测量

图 2-3-4　直流、交流电压的测量

二、初步认识直流电、交流电

1. 直流电流和交流电流

电流不但有大小而且有方向。大小和方向都不随时间变化的电流，称为恒定直流电流，如图2-3-5a）所示；大小随时间做周期性变化而方向不变的电流称为脉动直流电流，如图2-3-5b）所示；大小和方向都随时间做周期性变化的电流称为交流电流，如图2-3-5c）所示。

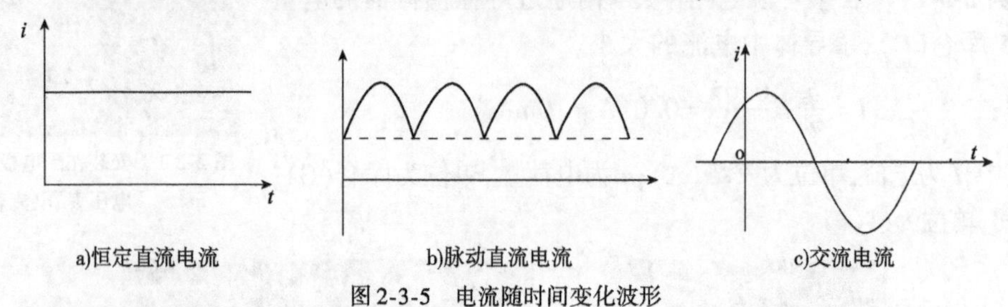

a)恒定直流电流　　b)脉动直流电流　　c)交流电流

图2-3-5　电流随时间变化波形

2. 直流电压和交流电压

电池的电源电压为直流电压，方向为从电源的正极指向电源的负极。直流电压用大写字母 U 表示。

发电厂的电压一般为交流电压，交流电压的大小和方向随时间周期性变化，用小写字母 u 表示。

3. 正弦交流电的主要参数及测量方法

正弦交流电路中的电动势、电压、电流的大小和方向是随时间按正弦规律变化的。要描述某个正弦量，必须知道这个正弦量变化的快慢、幅度和初始状态。而正弦量变化的快慢由其频率（或周期、角频率）来决定，正弦量变化的幅度由最大值（或有效值）来决定，正弦量变化的初始状态由初相位（简称相位）来决定。因此，我们把最大值（或有效值）、频率（或周期、角频率）、初相位称为正弦量的三要素。

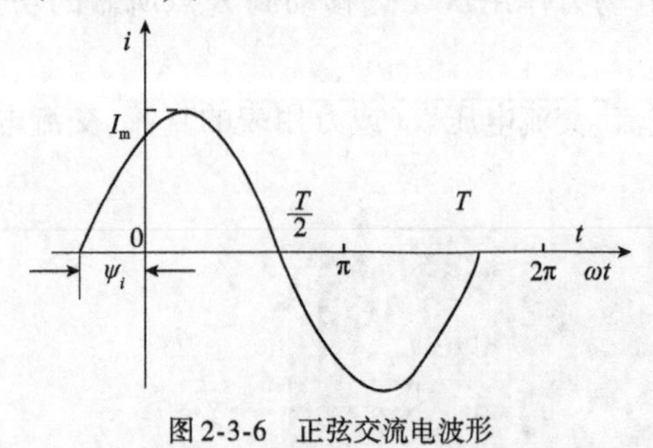

图2-3-6　正弦交流电波形

1）正弦量变化的快慢：频率与周期、角频率

正弦交流电变化一周所需的时间称为交流电的周期 T，单位为秒（s），如图2-3-6所示。

每秒内变化的次数（周期数）称为频率 f，其单位为赫兹（Hz），简称赫。根据这个定义，频率与周期应互为倒数，即

$$f = \frac{1}{T}$$

我国和大多数国家采用50Hz作为电力标准频率，这种标准频率在工业上应用甚广，因此称为工频。

正弦量（正弦交流电）变化的快慢除用周期和频率表示外，还可用正弦量每秒内变化的电角度即角频率 ω 来表示，其单位为弧度/秒（rad/s）。因为正弦量变化一周所经历的电角度为 2π 弧度，所需时间为 T，所以

$$\omega = 2\pi f = 2\frac{\pi}{T}$$

【例 2-3-2】 已知某交流电的频率为$f=50\text{Hz}$,求其周期和角频率。

解:周期

$$T=\frac{1}{f}=\frac{1}{50}=0.02\text{s}$$

角频率

$$\omega=2\pi f=100\pi\text{rad/s}$$

可以用频率计或示波器来测量正弦交流电的频率。

2)正弦量变化的幅度

(1)瞬时值。正弦量在任一时刻的值称为瞬时值,瞬时值是随时间变化的。分别用i、u、e表示电流、电压、电动势的瞬时值。要注意的是,正弦交流电的瞬时值是随时间变化的,只有在具体指定某一时刻,才能求出该时刻交流电数值的大小和方向(正负)。

(2)正弦值。正弦量瞬时值中最大的值称为最大值(或幅值),分别用I_m、U_m、E_m表示电流、电压、电动势的最大值。如图 2-3-6 中,在i随时间变化的整个过程中,$-I_m\leqslant i\leqslant I_m$。

(3)有效值。在实际生产和生活中,正弦交流电流、电压的大小往往是用有效值来表示。通常所说照明电路的电压是 220V,就是指有效值。各种使用交流电的电气设备上所标的额定电压和额定电流的数值,一般交流电流表和交流电压表测量的数值,以及一般人们所指的交流电压、电流的值都是有效值。分别用I、U、E表示电流、电压、电动势的有效值。

根据计算可得出正弦交流电流的有效值与最大值间的关系为:

$$I=\frac{I_m}{\sqrt{2}};\quad U=\frac{U_m}{\sqrt{2}};\quad E=\frac{E_m}{\sqrt{2}}$$

或

$$I_m=\sqrt{2}\cdot I;\quad U_m=\sqrt{2}\cdot U;\quad E_m=\sqrt{2}\cdot E$$

交流电压、电流大小的测量如前所述,可以用交流电压表、电流表测出交流电的有效值,根据交流电有效值与幅值(最大值)之间关系式即可知道其幅值(最大值)的大小。

【任务实施】

在实训室 2 人一组互相配合,正确使用电工工具和仪器仪表进行操作,选择合适的元器件,完成室内 1 个开关控制 1 盏白炽灯的照明线路安装。注意操作过程的人身、设备安全,并注意遵守劳动纪律。

一、工具及仪器仪表

1. 所用工具

一字螺丝刀 1 把、十字螺丝刀 1 把、剥线钳 1 把、尖嘴钳 1 把、电工刀 1 把。

2. 所用仪表

万用表。

3. 所用器材

开关(刀熔开关)1 个,40 瓦(或 25 瓦)白炽灯 1 盏,布线板 1 块,木螺钉、导线若干。

二、安装步骤及要求

由图 2-3-7 可知:白炽灯电路由导线、开关、熔断器及灯座组成。火线先接开关,然后才接到白炽灯座(头),而零线直接接入灯座。

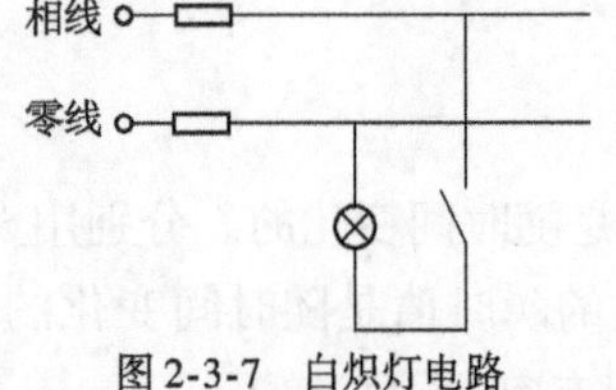

图 2-3-7　白炽灯电路

简单电路一般由电源、负载、连接导线、中间环节(开关、保护电器、控制电器等)四个部分组成。电路各组成部分既相互独立又彼此联系,任何一个环节出现故障,都会影响整个电路的正常工作。

当开关合上时,电流通过白炽灯,白炽灯泡得电发光。电路的这种状态称为"通路"状态。

当开关断开时,电流无法形成回路,白炽灯泡不得电而不发光。电路的这种状态称为"断路"状态。

若电源未经过任何负载而直接由导线接通成闭合回路,这种状态称为"短路"。

电源短路时输出电流过大对电源来说属于严重过载,如没有保护措施,电源或电器会被烧毁或发生火灾,所以通常要在电路或电气设备中安装熔断器、熔断丝等保护装置,以避免发生短路时出现不良后果。

安装步骤见表 2-3-1。

安 装 步 骤　　　　表 2-3-1

步骤	安 装 过 程	注意事项及要求
1	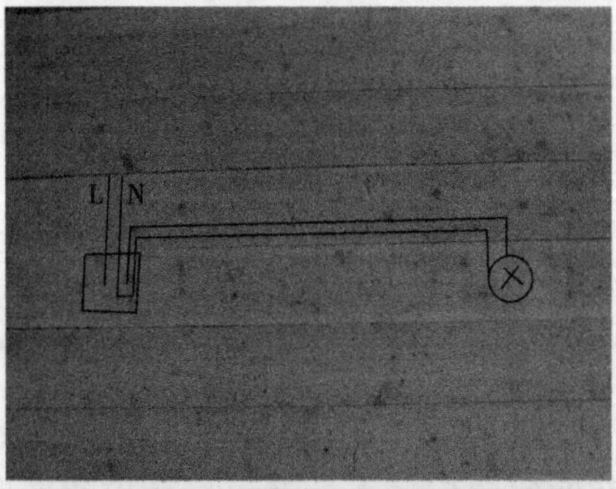	根据工艺要求,画线和定位,确定安装线路的路径; 固定:根据画线用铁钉将钢筋扎片固定在确定的线路上,固定时将钢筋扎片头朝上
2	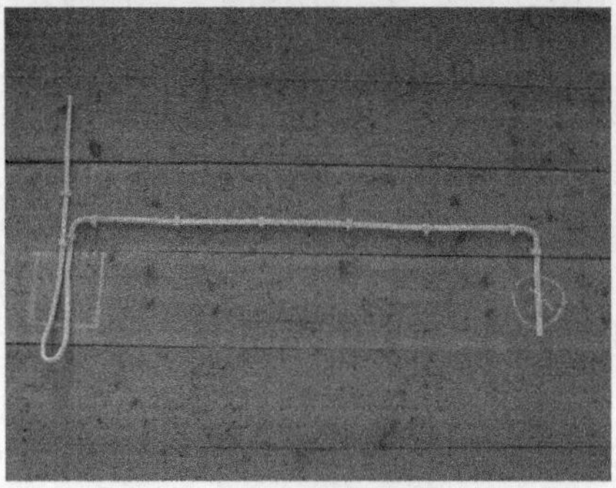	敷设:根据路径图将导线敷设在实训板上,敷设过程中若发现导线不够平直可用小锤轻敲,但不能用力太重以免损坏导线

续上表

步骤	安装过程	注意事项及要求
3	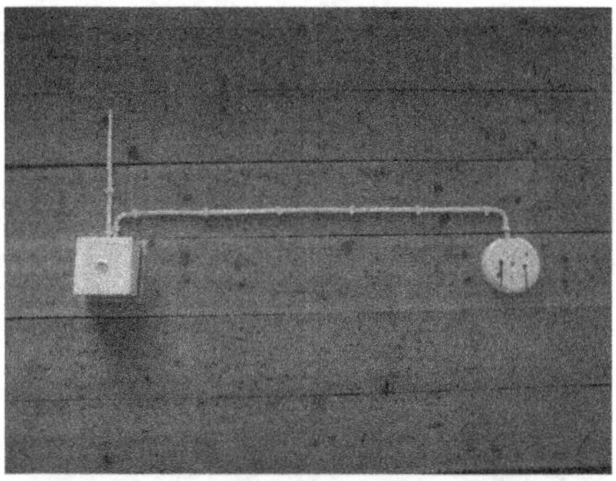	连接:根据线路将开关和灯座连接在实训板上。 开关的安装:将一根相线穿过木台的两孔,并将木台固定在实训木板上,再将两根导线穿过开关两孔眼,接着固定开关进行接线,装上开关盖子即可
4	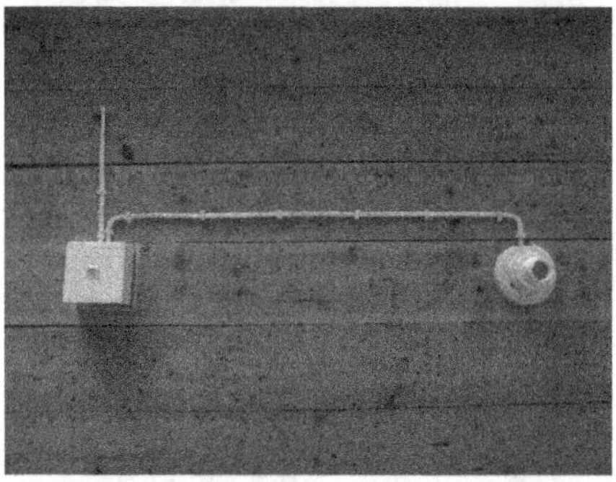	插口灯座的安装:将两根导线穿过木台的两孔并将木台固定在实训板上,再将两根导线穿过灯座眼接着固定灯座进行接线,再旋上灯座外壳即可。连接过程中注意导线连接要牢靠,绝缘恢复要可靠,将导线连接到接线柱上时,导线的旋钮的方向和接线柱上螺钉旋紧的方向一致,若两方向线相反即反圈则会出现连接不牢固现象,影响电路正常工作
5	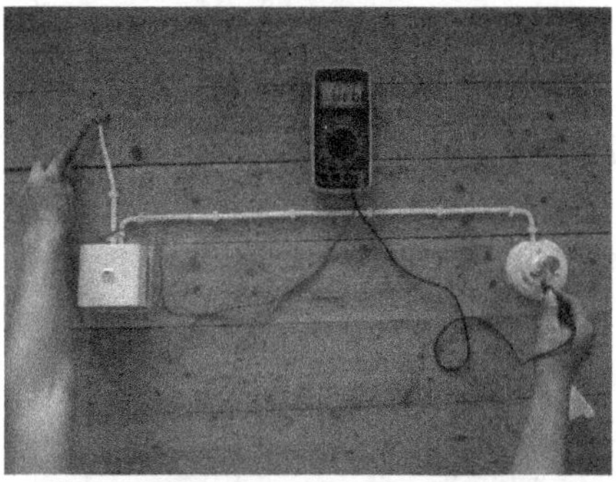 	检查回路有无接错、接漏:用万用表电阻挡分别检查各回路的接通和分断状况。 (1)从配电板到各用电器开关进线接线柱的电路应导通,从开关进线接线柱到用电器,开关接通时,线路导通,电阻趋近于0或极小;开关分断时,电阻应为数百 kΩ 以上。各用电电器间的零线应是相通的,电阻为“0”; (2)万用表表笔分别接在配电板进线的火线和零线上,不论开关何种状态阻值都应为∞
6	—	通电实验:通电实验时必须教师在场指导下进行

【任务评价】

项目	内　容	配分	考核要求	扣分标准	自评分	教师评分
工作态度	(1)工作的积极性; (2)安全操作规程的遵守情况; (3)纪律遵守情况和团结协作精神	20	工作过程积极参与,遵守安全操作规程和劳动纪律,有良好的职业道德、敬业精神及团结协作精神	违反安全操作规程扣20分,其余不达要求酌情扣分; 当实训过程中他人有困难能给予热情帮助则加5~10分		
连接电路	根据工作任务要求,选用合适的元器件、操作工具和对应仪表,连接电路	25	电路装接正确	线路安装错误造成断路、短路故障,扣25分; 相线未进开关,扣5分		
工艺要求	电路连接正确 布线工艺较好	15	电路连接正确,布线整齐、合理,工艺较好,操作步骤安排合理	灯座、开关、按钮开关安装松动,每处扣3分; 电器元件损坏,每只扣5分; 导线剖削损伤,每处扣5分; 未能在规定时间内完成任务酌情扣分		
理论知识	判断电路组成、电路工作状态	25	能借助万用表Ω挡,正确判断电路组成、电路三种工作状态(断路、通路、短路)	用万用表Ω挡,检测电路工作状态时,判断失误,每处扣5分		
工作报告	(1)工作报告内容 (2)工作报告卷面	15	工作报告内容完整,测量数据准确合理; 工作报告卷面整洁	工作实训报告内容欠完整,酌情扣分; 工作报告卷面欠整洁,酌情扣分		
合计		100				

注:各项配分扣完为止。

思考与练习题

1. 单位换算。

5mA = ________ A = ________ μA　　380kV = ________ V　　2.5kW = ________ W

0.037V = ________ mV　　0.068mA = ________ μA　　500mV = ________ V

2. 一个电容器的耐压为250V,把它接入正弦交流电路中使用时,加在电容器上的交流

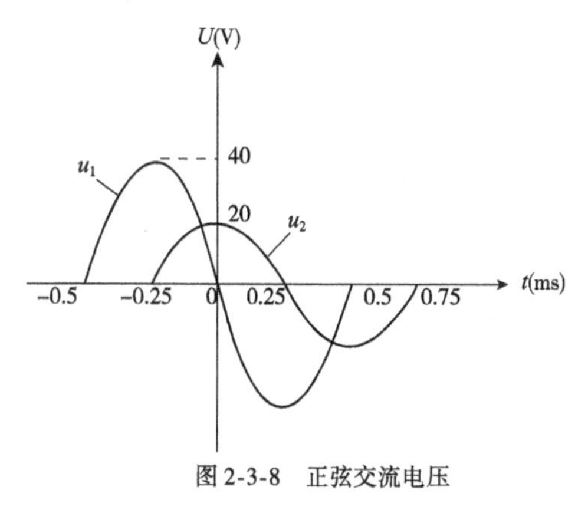

图 2-3-8　正弦交流电压

电压有效值可以是__________。

3. 正弦交流电的三要素是__________、__________和__________。

4. 若交流电变化加快，说明交流电的频率是增大还是减小了？此时其周期会相应发生怎样变化？

5. 已知我国工频交流电的频率为 $f=50\text{Hz}$，求其周期和角频率。

6. 读出图 2-3-8 所示正弦交流电压的最大值、有效值、周期、频率。

任务四　安装、检修多盏白炽灯照明线路

【任务目标】

1. 了解常用照明灯具；
2. 理解电功率（P）、电能（W）概念；
3. 能较为熟练使用万用表检测电路的工作状态；
4. 掌握电阻串联、并联概念，以及电阻串联、并联电路的特点；
5. 会计算电阻串联、并联、混联电路的等效电阻、电流、电压；
6. 初步掌握室内照明线路安装和检修技能。

【任务分析】

通过任务二的学习，我们知道电阻串联电路中，流过各电阻的是同一电流，各电阻两端的电压大小与电阻值成正比。而在实际生产、生活中的各种用电器常常有着相同的额定电压，这些用电器如果接在同一电源电路中，则应将它们并联连接。例如，照明线路及家用电器的连接就采用并联连接。

【知识导航】

一、认识电阻并联电路

把若干个电阻的两端分别接在一起称为电阻的并联；如图 2-4-1 所示。

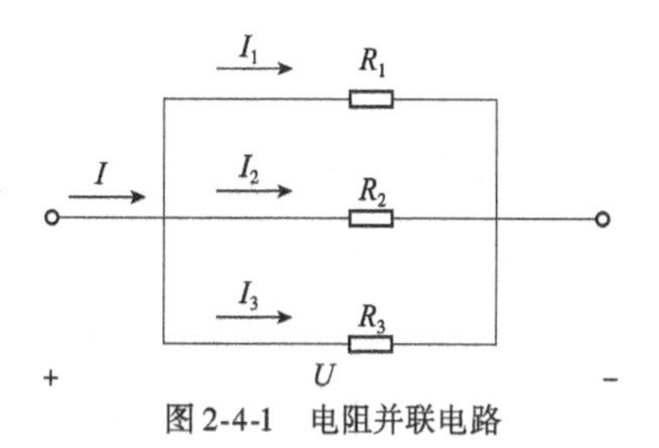

图 2-4-1　电阻并联电路

1. 电阻并联电路的特点

设总电流为 I、电压为 U、总功率为 P。

1)电压关系

电路中各支路两端的电压相等;即:$U=U_1=U_2=U_3=\cdots=U_n$

2)分流关系

(1)电路中总电流等于各支路的电流之和。即:$I=I_1+I_2+I_3+\cdots I_n$。

(2)各支路电流的大小与各支路电阻的大小成反比:$R_1I_1=R_2I_2=R_3I_3=\cdots=R_nI_n$

特例:两只电阻 R_1、R_2并联时,等效电阻 $R=\dfrac{R_1R_2}{R_1+R_2}$

则有分流公式 $I_1=\dfrac{R_2}{R_1+R_2}I,I_2=\dfrac{R_1}{R_1+R_2}I$

3)功率分配

$$R_1P_1=R_2P_2=\cdots=R_nP_n=RP=U^2$$

4)等效电阻

$$\frac{1}{R}=\frac{1}{R_1}+\frac{1}{R_2}+\cdots+\frac{1}{R_n}$$

特例:(1)两只电阻 R_1、R_2并联时,等效电阻 $R=\dfrac{R_1R_2}{R_1+R_2}$

(2)当 n 个阻值为都为 R 的电阻并联时,其等效电阻为$\dfrac{R}{n}$

2. 电阻并联电路应用

【例 2-4-1】 有一只微安表,满偏电流为 $I_g=100\mu A$、内阻 $R_g=1k\Omega$,要改装成量程为 $I=100mA$的电流表,试求所需分流电阻 R。

解:根据题意画出电路,如图 2-4-2 所示,

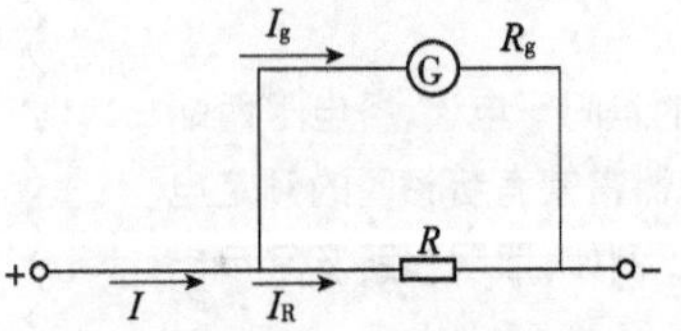

图 2-4-2 例题图

方法一:由电路图可知:$I_R=I-I_g=100mA-100\mu A\approx100mA$

$$\frac{I_g}{I_R}=\frac{R}{R_g}$$

则 $$R=R_g\frac{I_g}{I_R}=1(k\Omega)\cdot\frac{100(\mu A)}{100(mA)}=1\Omega$$

方法二:根据并联电路电压相等可得:$I\cdot\dfrac{R\cdot R_g}{R+R_g}=I_gR_g$

$$\frac{I}{I_g}=\frac{R+R_g}{R}=\frac{100(mA)}{100(\mu A)}=1000$$

$$R=\frac{R_g}{1000-1}=\frac{1(k\Omega)}{1000-1}\approx1\Omega$$

二、电阻混联电路

电路中既有电阻的串联又有电阻的并联,叫电阻的混联,如图 2-4-3 所示。

在图 2-4-3a)中,计算电路中的等效电阻 R_{AB}时,应先分别将 R_1与 R_2、R_3与 R_4进行串联,然后再将两个串联等效电阻进行并联,即

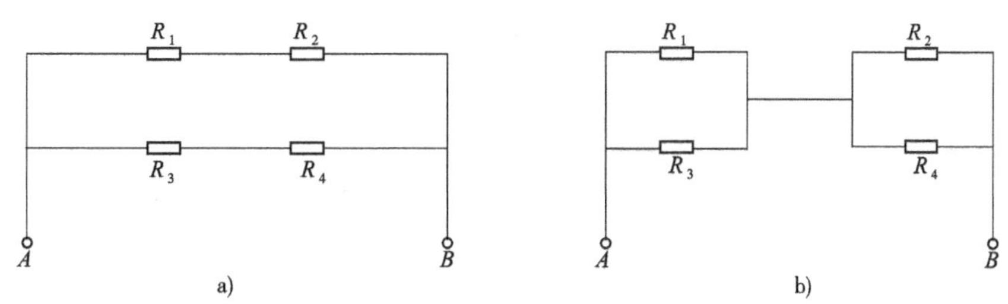

图 2-4-3　电阻混联电路

$$R_{AB}=\frac{(R_1+R_2)\cdot(R_3+R_4)}{R_1+R_2+R_3+R_4}$$

在图 2-4-3b)中,计算电路中的等效电阻 R_{AB}时,应先分别将 R_1与 R_3、R_2与 R_4进行并联,然后再将两个并联等效电阻进行串联,即

$$R_{AB}=\frac{R_1\cdot R_3}{R_1+R_3}+\frac{R_2\cdot R_4}{R_2+R_4}$$

对于较复杂的电路,可以根据电阻串并联的定义,将原图化简,依次画出等效电路图,然后按过程逐步计算。

注意:

(1)在分析混联电路时,必须分清哪些电阻是串联,哪些电阻是并联;

(2)计算等效电阻时,要分清是先串联,还是先并联,不能搞错次序。

【例 2-4-2】　如图 2-4-4 所示,电源供电电压 $U=220\text{V}$,每根输电导线的电阻均为$R_1=1\Omega$,电路中一共并联 100 盏额定电压 220V、功率 40W 的电灯。假设电灯在工作(发光)时电阻值为常数。试求:(1)当只有 10 盏电灯工作时,每盏电灯的电压 U_L 和功率 P_L;(2)当 100 盏电灯全部工作时,每盏电灯的电压 U_L 和功率 P_L。

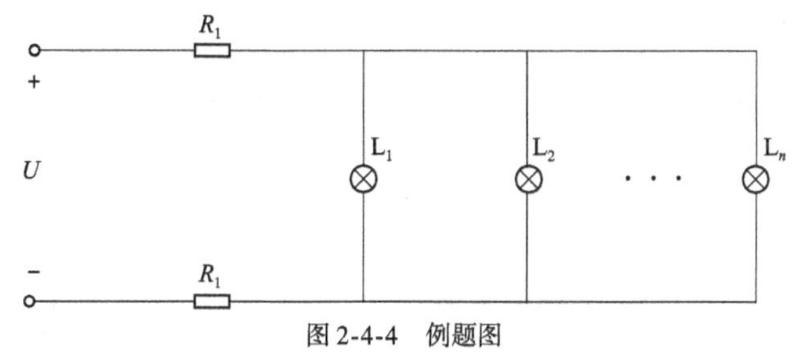

图 2-4-4　例题图

解:每盏电灯的电阻为

$$R=\frac{U^2}{P}=1210\Omega$$

n 盏电灯并联后的等效电阻为

$$R_n=\frac{R}{n}$$

根据分压公式,可得每盏电灯的电压

$$U_L=\frac{R_n}{2R_1+R_n}U$$

功率

$$P_L=\frac{U_L^2}{R}$$

(1)当只有 10 盏电灯工作时,即 $n=10$,则

$$R_n=\frac{R}{n}=121\Omega$$

因此

$$U_{\mathrm{L}}=\frac{R_n}{2R_1+R_n}U\approx 216\mathrm{V},\ P_{\mathrm{L}}=\frac{U_{\mathrm{L}}^2}{R}\approx 39\mathrm{W}$$

(2)当 100 盏电灯全部工作时,即 $n=100$,则

$$R_n=\frac{R}{n}=12.1\Omega$$

因此

$$U_{\mathrm{L}}=\frac{R_n}{2R_1+R_n}U\approx 189\mathrm{V},\ P_{\mathrm{L}}=\frac{U_{\mathrm{L}}^2}{R}\approx 29\mathrm{W}$$

三、常用照明电器

照明电器包括电光源和灯具。灯具是由灯座、灯罩、灯架、开关、引线等组成。根据其安装方式,常用灯具的种类大致有吊灯、壁灯、吸顶灯、落地灯、台灯、镜前灯等;根据其防护形式、又可分为防水防尘灯、安全灯和普通灯等。

1. 电光源

电光源为人们的日常生活提供各种各样的可见光源。主要有:白炽灯、日光灯、高压汞灯、水银灯、三基色节能灯、LED 灯等。

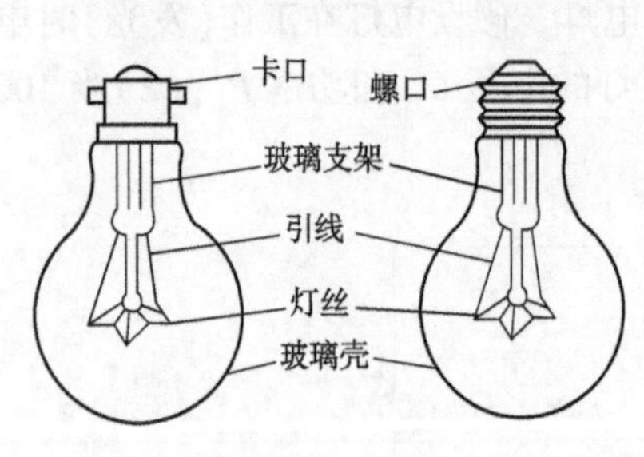

图 2-4-5　白炽灯

1)白炽灯

由灯丝、玻璃壳、灯头等组成,靠电流加热灯丝至白炽状态而发光,如图 2-4-5 所示。

6 ~ 36V 的安全照明灯泡,做局部照明用;

220 ~ 330V 的普通白炽灯泡,做一般照明用。

2)日光灯

主要由灯管、镇流器、启辉器(起动器)组成,如图 2-4-6所示。

发光效率高,约为白炽灯的 4 倍,具有光色好、寿命长、发光柔和等优点。

3)高压汞灯

使用寿命是白炽灯的 2.5 ~ 5 倍,发光效率是白炽灯的 3 倍,如图 2-4-7 所示。

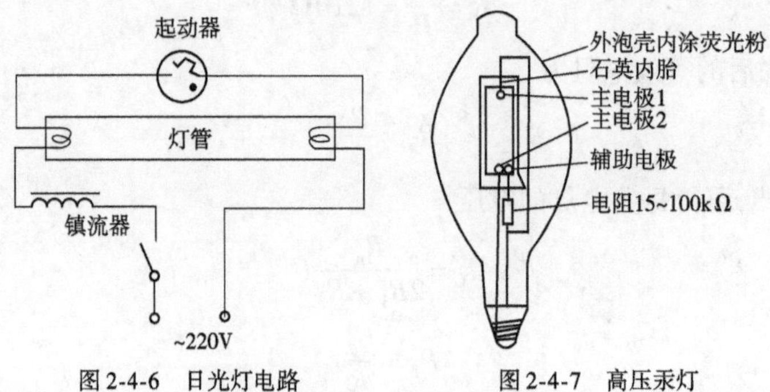

图 2-4-6　日光灯电路　　图 2-4-7　高压汞灯

优点：耐震、耐热性能好，线路简单，安装方便。

缺点：造价高，启辉时间长，对电压波动适应能力差。

4）高压钠灯

是利用高压钠蒸气放电，其辐射光的波长集中在人眼感受较灵敏的范围内，如图2-4-8所示。

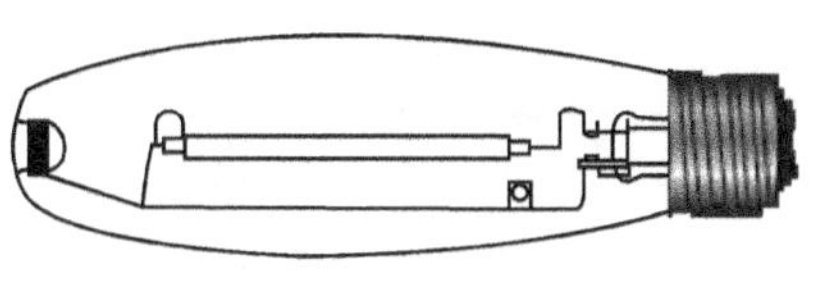

图2-4-8　高压钠灯

优点：紫外线辐射少，光效高、寿命长、透雾性好。

缺点：必须配用镇流器，否则会使灯泡立即损坏。

5）碘钨灯

同普通白炽灯相比，碘钨灯大大减少了钨的蒸发量，延长了使用寿命，提高了工作温度和发光效率。发光效率比白炽灯高30%左右，灯管温度高达500～700℃。

优点：构造简单，光色好，体积小功率大，安装维修方便，使用寿命长、节能环保。

缺点：造价较高；碘蒸汽是紫红色的，它多少会对碘钨灯的亮度和发光功率产生影响；管型碘钨灯安装必须水平，倾角不得大于4°。

6）LED灯

LED是一种绿色光源。LED灯直流驱动，没有频闪；没有红外和紫外的成分，没有辐射污染，显色性高并且具有很强的发光方向性；调光性能好，色温变化时不会产生视觉误差；冷光源发热量低，可以安全触摸；这些都是白炽灯和日光灯达不到的。它既能提供令人舒适的光照空间，又能很好地满足人的生理健康需求，是保护视力并且环保的健康光源。

随着LED技术的进一步成熟，LED将会在居室照明灯具设计开发领域取得更多更好的发展。

2. 照明开关

1）按装置方式，可分为明装式——明线装置用；暗装式——暗线装置用；悬吊式——开关处于悬垂状态使用；附装式——装设于电气器具外壳。

2）按操作方法，可分为跷板式、倒扳式、拉线式、按钮式、推移式、旋转式、触摸式和感应式。

3）按控制方式和控制数量，可分为单联、双联、三联；单控、双控、三控等。

3. 灯座

保持灯的位置和使灯与电源相连接的器件。灯座按装置方式分为卡口、螺口等方式，按材料分为电木、塑料、金属、陶瓷等。

【任务实施】

在实训室2人一组互相配合，正确使用电工工具和仪器仪表进行操作，选择合适的元器件，在实训操作板上根据所提供电路完成白炽灯照明线路安装。注意操作过程中的人身、设备安全，并注意遵守劳动纪律。

一、工具及仪器仪表

1. 工具

本任务所用工具同任务三。

2. 仪表

本任务所用仪表同任务三。

3. 所用器材

开关 2 个,“220V,40W”(或“220V,25W”)白炽灯 4 盏,布线板 1 块,木螺钉,导线若干。

二、安装步骤及要求

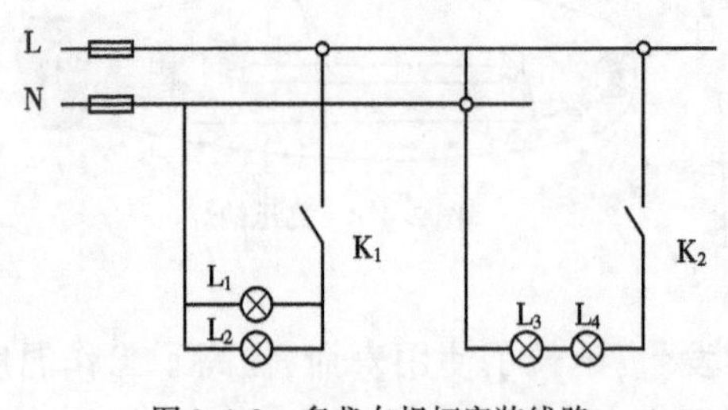

图 2-4-9　多盏白炽灯安装线路

由图 2-4-9 可知,火线 L,零线 N 从电源引入 220V 单相交流电,经过熔断器,再分别经过开关 K_1、K_2 将交流电送给白炽灯。四盏白炽灯的连接方式为:L_1、L_2 并联,L_3、L_4 串联。

当 K_1 闭合时,L_1、L_2 两端电压都是 220V 电源电压,两盏灯可同时正常发光,它们彼此互不影响。

当 K_1 断开时,L_1、L_2 则都不亮。

当 K_2 闭合时,L_3、两端电压与 L_4 两端电压相加为电源电压 220V,由于两盏灯参数相同,则每盏灯两端电压各 110V,为其额定电压的一半。通过前面的知识导航,我们可以分析、计算出,此时 L_3、L_4 消耗的功率只有其额定功率的四分之一。所以 L_3、L_4 的亮度比 L_1、L_2 要低得多。

当 K_2 断开时,L_3、L_4 则都不亮。

安装步骤见表 2-4-1。

安 装 步 骤　　表 2-4-1

步骤	安 装 过 程	注意事项及要求
1		根据图 2-4-9 画出安装电路图,在实训操作板上确定各元器件位置。确定安装线路的路径
2		固定:根据画线用铁钉将钢筋扎片固定在确定的线路上,固定时将钢筋扎片头朝上。 敷设:根据路径图将导线敷设在实训板上,敷设过程中若发现导线不够平直,可用小锤轻敲,但不能用力太重以免损坏导线

续上表

步骤	安 装 过 程	注意事项及要求
3		连接:根据线路将开关和灯座连接实训板上; 开关的安装将一根相线穿过木台的两孔,并将木台固定在实训木板上,再将两根导线穿过开关两孔眼,接着固定开关,进行接线,装上开关盖子即可; 连接过程应注意导线的牢靠,绝缘恢复要可靠
4	 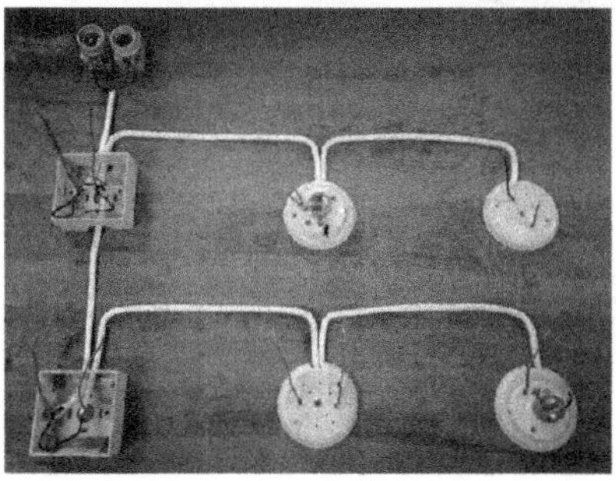	插口灯座的安装:将两根导线穿过木台的两孔并将木台固定在实训板上,再将两根导线穿过灯座眼接着固定灯座进行接线,再旋上灯座外壳即可。连接过程应注意导线的牢靠,绝缘恢复要可靠。将导线连接到接线柱上时,导线旋紧的方向和接线柱上螺钉旋紧的方向一致,若两方向线相反即反圈则会出现连接不牢固现象,影响电路正常工作

续上表

<table>
<tr><th>步骤</th><th>安 装 过 程</th><th>注意事项及要求</th></tr>
<tr><td>5</td><td>
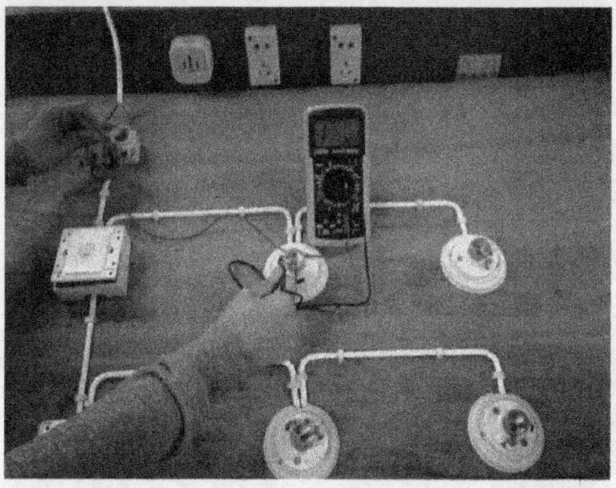</td><td rowspan="2">检查回路有无接错、接漏；用万用表电阻挡分别检查各回路的接通和分断状况。
(1)从配电板到各用电器开关进线接线柱的电路应导通。从开关进线接线柱到用电器，开关接通时，线路导通，电阻趋近于0或极小；开关分断时，电阻应为数百 kΩ 以上。各用电器间的零线应是相通的，电阻为“0”；
(2)万用表表笔分别接在配电板进线的火线和零线上，拉动开关，不论任何状态阻值都应为∞</td></tr>
<tr><td>6</td><td>
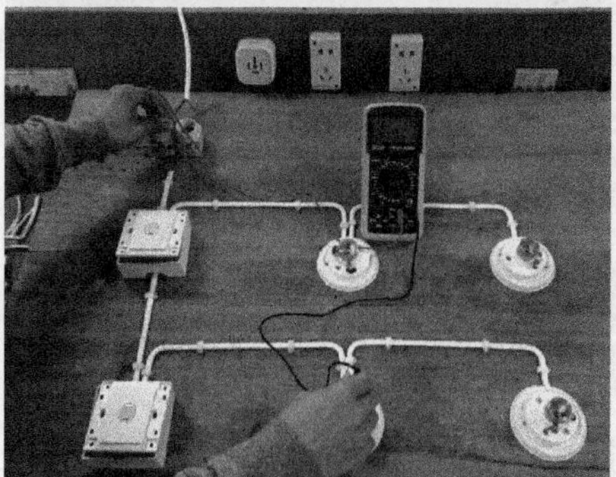</td></tr>
</table>

续上表

步骤	安 装 过 程	注意事项及要求
7	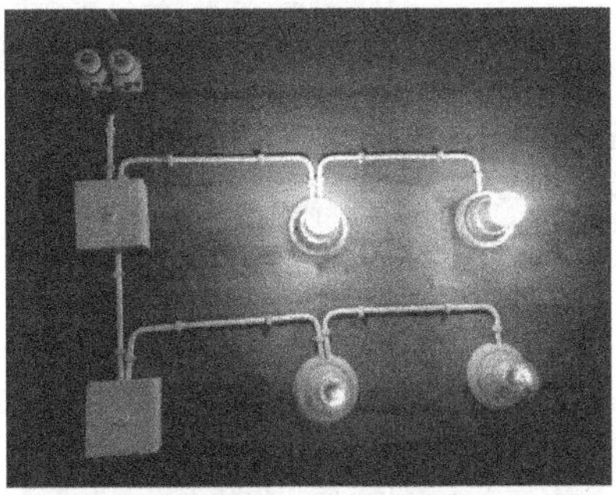	通电实验:通电实验时必须教师在场指导下进行。 合上开关 K_1 时,正常情况下电灯泡 L_1、L_2 应正常发亮。断开 K_1 时两灯泡应同时熄灭。否则电路处于不正常工作状态,应予以检修。 合上开关 K_2 时,正常情况下电灯泡 L_3、L_4 能够发亮,但其亮度明显低于 L_1、L_2 的亮度。断开 K_2 时灯泡应同时熄灭。否则电路处于不正常工作状态,应予以检修
8	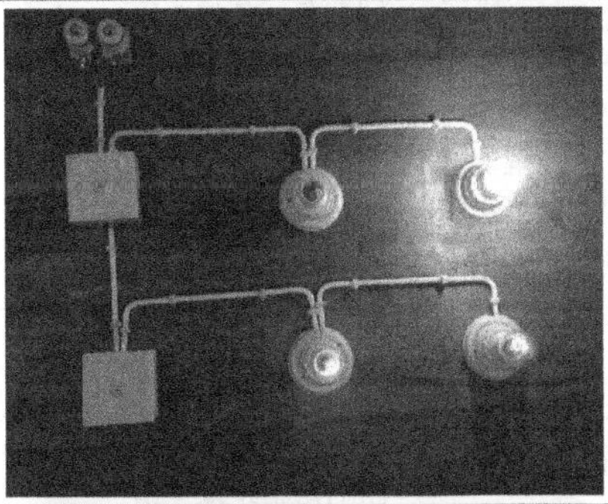	当开关 K_1 闭合时,取下 L_1(或 L_2),正常情况下,L_2(或 L_1)应仍能正常发光
9		当开关 K_2 闭合时,取下 L_3、L_4 中的任意一盏,则另一盏也将同时不亮

【任务评价】

项目	内　　容	配分	考 核 要 求	扣 分 标 准	自评分	教师评分
工作态度	(1)工作的积极性; (2)安全操作规程的遵守情况; (3)纪律遵守情况和团结协作精神	20	工作过程积极参与,遵守安全操作规程和劳动纪律,有良好的职业道德、敬业精神及团结协作精神	违反安全操作规程扣20分,其余不达要求酌情扣分; 当实训过程中他人有困难能给予热情帮助则加5~10分		
连接电路	根据工作任务要求,选用合适的元器件、操作工具和对应仪表,连接电路	25	电路装接正确	线路安装错误造成断路、短路故障,每通电实验一次,扣25分; 相线未进开关,扣5分		

续上表

项目	内　容	配分	考核要求	扣分标准	自评分	教师评分
工艺要求	电路连接正确 布线工艺较好	15	电路连接正确，布线整齐、合理，工艺较好，操作步骤安排合理	灯座、开关、按钮开关安装松动，每处扣3分； 电器元件损坏，每只扣5分； 导线剖削损伤，每处扣5分； 未能在规定时间内完成任务酌情扣分		
理论知识	判断电路工作状态 分析串并联电路特点	25	能借助万用表正确判断电路工作状态（断路、通路、短路）； 能正确分析串并联电路特点，并能解释实训中所观察到的现象	用万用表Ω挡，检测电路工作状态时判断失误，每一处扣3分； 解释灯泡 L_1、L_2、L_3、L_4分别在开关 K_1、K_2分断、闭合时以及灯泡松开一个时的工作情况，每错一处扣5分		
工作报告	(1)工作报告内容 (2)工作报告卷面	15	工作报告内容完整，测量数据准确合理； 工作报告卷面整洁	工作实训报告内容欠完整，酌情扣分； 工作报告卷面欠整洁，酌情扣分		
合计		100				

注：各项配分扣完为止。

拓展训练：用双联开关控制白炽灯

利用双联开关可在两处控制同一盏灯。这种控制方式通常用于楼梯处的电灯，在楼上和楼下都可以控制，有时也用于走廊电灯，在走廊的两头都可以控制。控制电路见图2-4-10。

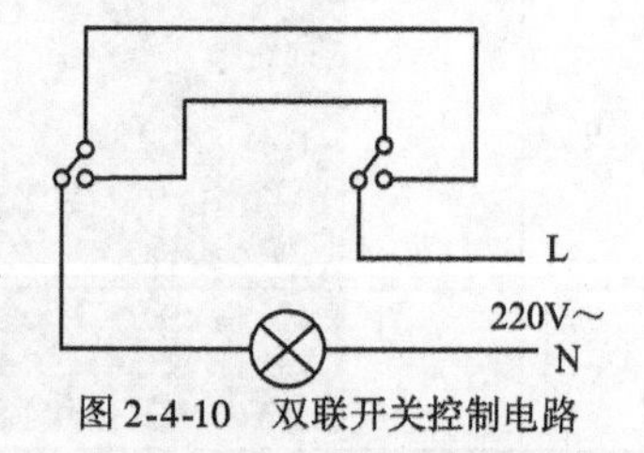

图2-4-10　双联开关控制电路

思考与练习题

1. 如图2-4-11，一个量程为 $U_g=3V$ 电压表，表头内阻 $R_g=300\Omega$，现需测量300V的电压，应在电压表上串联多大的分压电阻。

2. 如图2-4-12所示，有一盏额定电压为 $U_1=40V$、额定电流为 $I=5A$ 的电灯，为了使其能正常工作，采用串联电阻分压的办法把它接入电压 $U=220V$ 照明电路中，求串联电阻的参数。

3. 一闭合回路，电源电动势 $E=6V$，内阻 $r=2\Omega$，负载电阻 $R=16\Omega$。求(1)电路中的电流；(2)电源的端电压；(3)负载上的电压降；(4)电源内阻上的电压降；(5)电源提供的总功率；(6)负载消耗的功率；(7)电源内部消耗的功率。

4. 一只“110V，100W”的电灯和一只“110V，60W”的电灯串联接在220V的电源上，它们能否正常工作？

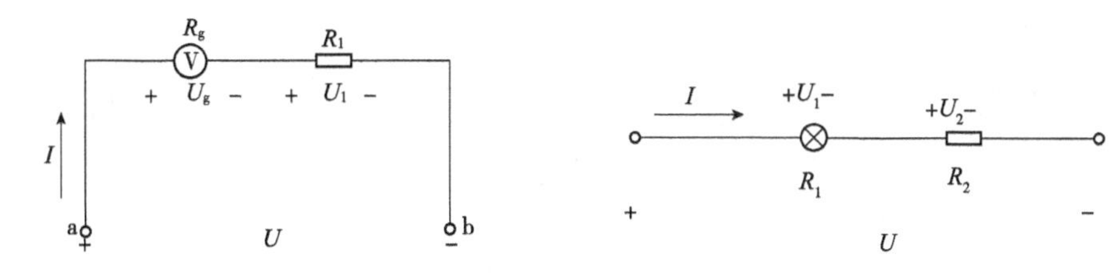

图　2-4-11　　　　　　图　2-4-12

5. 如图 2-4-13 所示，用伏安法测电阻，如果待测电阻的阻值比电流表的内阻大得多，应采用的测量电路是(　　)。

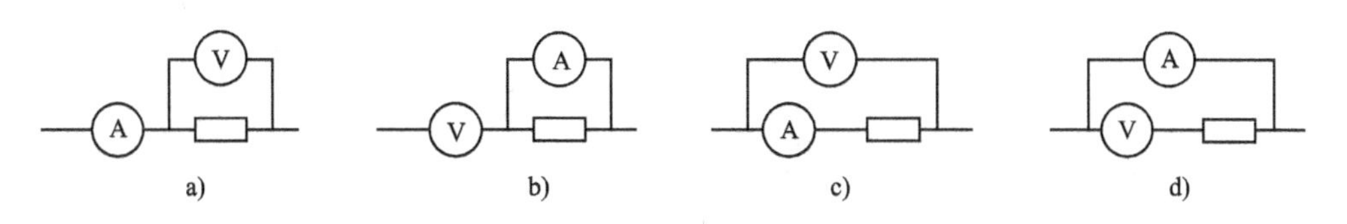

图　2-4-13

6. 如图 2-4-14 所示，各电路中的电阻均为 R，等效电阻最小的是(　　)。

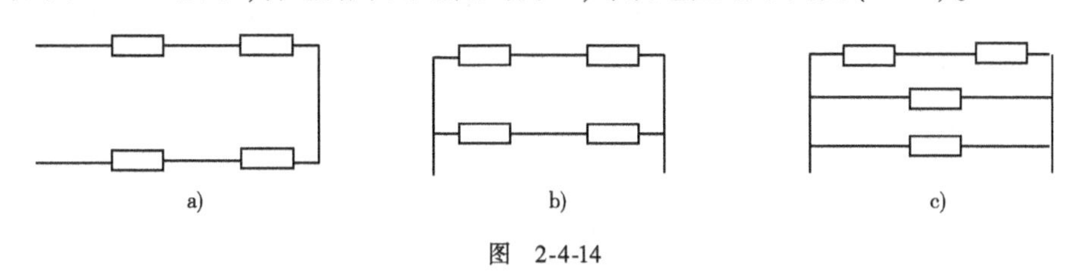

图　2-4-14

任务五　装接和测量双电源供电直流电路

【任务目标】

1. 认识复杂电路；
2. 掌握基尔霍夫定律；
3. 掌握用基尔霍夫定律分析、计算复杂电路的方法——支路电流法。

【任务分析】

通过之前几个任务的学习和训练，同学们掌握了电阻串联、并联、混联电路的分析和计算。我们将那些能借助电阻的串联、并联的计算方法进行化简，再利用欧姆定律就可以进行电路分析、计算的电路，称为简单电路。而在实际电路中，经常会遇到其中的各电阻间的连接方式既不是串联也不是并联，我们将这类不能用电阻串联、并联的计算方法进行化简的电路称为复杂电路。本任务的目标就是使同学们掌握利用基尔霍夫定律对复杂电路进行分析、计算。

【知识导航】

一、认识复杂电路

比较如图 2-5-1 所示两个电路，分析它们的不同之处：

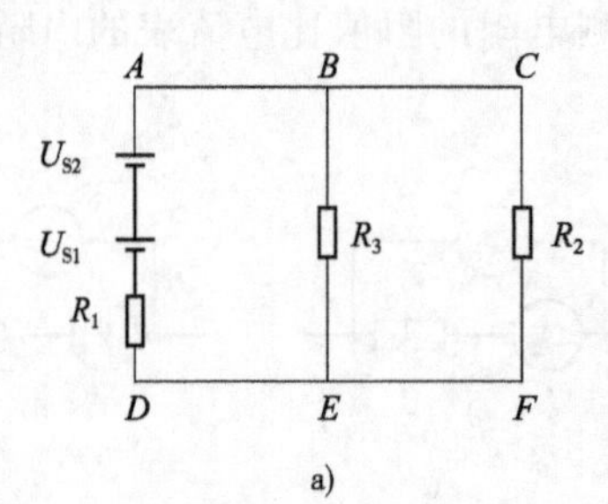

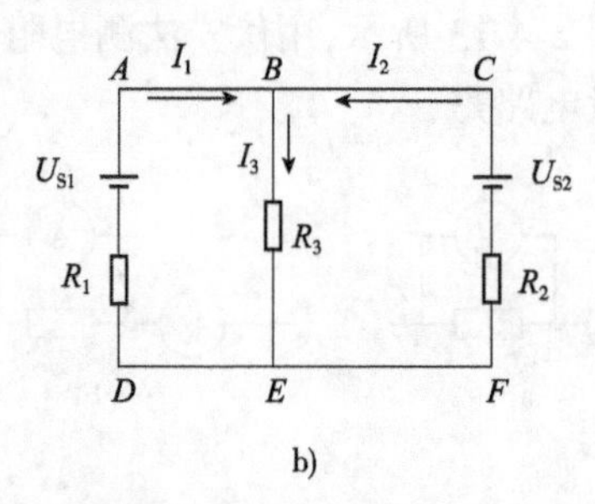

图 2-5-1 简单电路与复杂电路

(1)图 2-5-1a)电路中，电源 U_{S1} 和 U_{S2} 为顺向串联，等效总电源 $U=U_{S1}+U_{S2}$，三个电阻的连接方式为 R_2 和 R_3 先并联后再与 R_1 串联，电路可化简为一个 $U=U_{S1}+U_{S2}$ 与 $R=R_1+\frac{R_2R_3}{R_2+R_3}$ 相串联的简单电路。

(2)图 2-5-1b)电路中，两个电源 U_{S1} 和 U_{S2} 间既不是串联也不是并联，三个电阻 R_1、R_2、R_3 之间既不是串联也不是并联，所以无法用串并联电路的计算方法对电路进行化简计算。

结论：

图 2-5-1a)电路有且仅有一条有源支路，可用电阻的串并联进行化简，是简单电路；解答简单电路的方法是欧姆定律。

图 2-5-1b)电路有两条及两条以上有源支路，不能用电阻的串并联进行化简，是复杂电路。

我们将学习用基尔霍夫定律分析计算复杂电路。

二、基尔霍夫定律

1. 名词介绍

在介绍基尔霍夫定律之前，先介绍复杂电路的几个名词：

(1)支路：由一个或几个元件相串联组成的无分支电路。其特点是同一支路流过的为同一电流。如图 2-5-1a)(未化简之前)和图 2-5-1b)中各有三条支路。

(2)节点：三条或三条以上支路的交汇点。如图 2-5-1b)图中有两个节点，分别为 B、E。

(3)回路：电路中任何一个闭合路径。如图 2-5-1b)图中有三个回路，分别为：回路 $ABEDA$、回路 $BCFEB$、回路 $ABCFEDA$。

(4)网孔：中间无支路穿过的回路。(提示：回路和网孔之间存在什么关系？有什么区别?)

【例 2-5-1】 请问图 2-5-2 所示电路有几条支路、几个节点、几个回路、几个网孔？

解：6 条支路；4 个节点；7 个回路；3 个网孔。

2. 电流、电压的参考方向

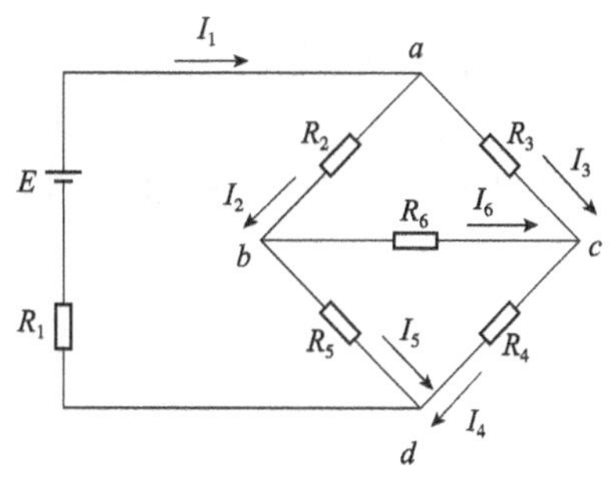

图 2-5-2

通过前面任务三的学习，大家已经知道了电路中电流、电压方向的定义。而在一个复杂电路中，我们往往无法事先知道电路中电流、电压的实际方向。为了便于分析电路，我们可先任意假设某支路电流的方向——参考方向，并在电路中标明。

当通过分析计算得出电路中某一支路电流为正值，说明该支路电流的实际方向与参考方向一致；反之，则相反。

这样，我们就可以利用电流的正负值结合参考方向来表明电流的真实方向。在未标示参考方向的情况下，电流的"+"、"-"是毫无意义的。

同样，在对电路进行分析、计算时，我们也需要先假设某电压的参考方向（参考极性）。电压的参考极性是在元件或电路的两端用"+"，"-"符号来表示。当电压的真实极性与所标的极性相同时，电压为正值；当电压的真实极性与所标的极性相反时，电压为负值。

3. 基尔霍夫第一定律 KCL（节点电流定律）

在任一时刻，对电路中的任一节点而言，流入节点的电流之和等于流出该节点的电流之和，即

$$\sum I_{入} = \sum I_{出}$$

如图 2-5-1b）图中：

对于节点 B，可写出其节点电流表达式（1）：$I_1 + I_2 = I_3$

对于节点 E，可写出其节点电流表达式（2）：$I_3 = I_1 + I_2$

上述两个节点电流表达式，其实只有一个有效。可见，该电路中有两个节点 B 和 E，我们只能写出一个独立的节点电流定律的表达式。

如图 2-5-2 中：

对于节点 a，可写出其节点电流表达式（1）：$I_1 = I_2 + I_3$

对于节点 b，可写出其节点电流表达式（2）：$I_2 = I_5 + I_6$

对于节点 c，可写出其节点电流表达式（3）：$I_3 + I_6 = I_4$

对于节点 d，可写出其节点电流表达式（4）：$I_4 + I_5 = I_1$

对于如图 2-5-2 电路，共有四个节点，上述四个节点电流表达式中的任意一个表达式都可由其他三个节点电流表达式通过数学推导出来。即，电路中有四个节点时，只能写出三个独立的节点电流表达式。

结论：如果电路中有 n 个节点，可写出（$n-1$）个独立的节点电流表达式。

基尔霍夫第一定律的推广：

（1）对于电路中任意假设的封闭面来说，节点电流定律仍然成立。如图 2-5-3 中，对于封闭面 S 来说，有 $I_1 + I_2 = I_3$。

（2）对于电路之间的电流关系，仍然可由节点电流定律判定。如图 2-5-4 中，流入 B 电路中的电流必等于从该电路中流出的电流。

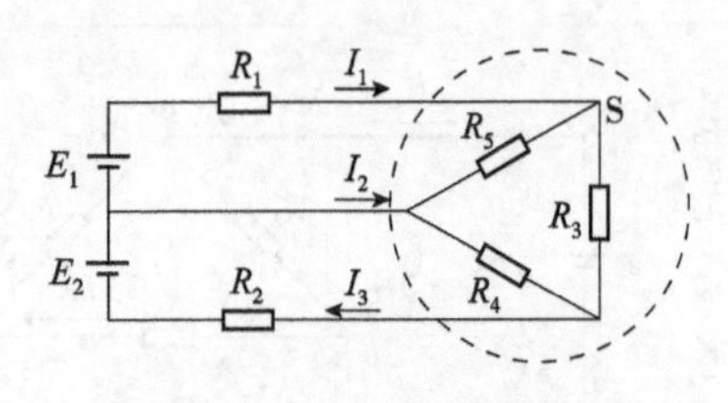

图 2-5-3　电流定律的推广

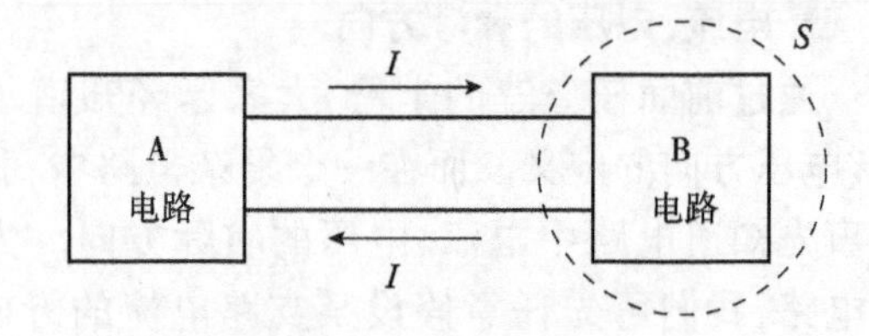

图 2-5-4　电流定律的推广

4. 基尔霍夫第二定律 KVL(回路电压定律)

在任一时刻,对任一闭合回路,沿回路绕行一周,在绕行方向上各段电压(降)代数和等于零。即:

$$\sum U=0$$

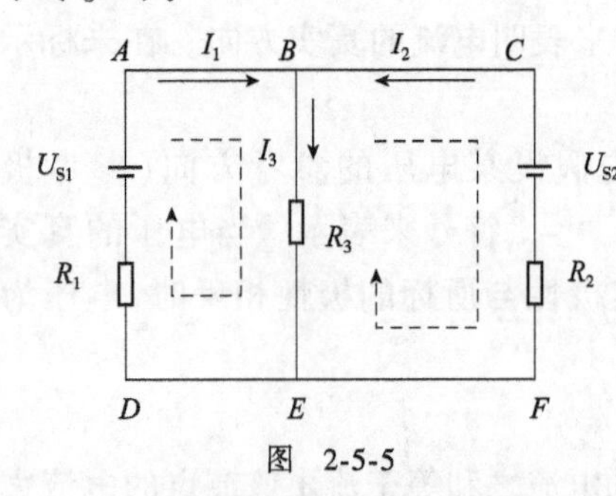

图　2-5-5

我们以图 2-5-5 为例,写出基尔霍夫第二定律表达式:

对于 *ABEDA* 回路,写出其回路电压表达式(1):

$$I_3R_3+I_1R_1-U_{S1}=0$$

对于 *BCFEB* 回路,写出其回路电压表达式(2):

$$U_{S2}-I_2R_2-I_3R_3=0$$

对于 *ABCFEDA* 回路,其回路电压表达式(3):

$$U_{S2}-I_2R_2+I_1R_1-U_{S1}=0$$

三、基尔霍夫定律的应用——支路电流法分析、计算复杂电路

支路电流法是计算复杂电路的各种方法中最基本的一种方法。它是以支路电流作为电路的变量,应用基尔霍夫节点电流定律 KCL、回路电压定律 KVL,列出独立节点电流方程和回路电压方程,然后联立解出各支路电流,继而可以得到电路中其他未知量的方法。

支路电流法计算电路步骤:

(1)先在电路图中标出各支路电流的参考方向和回路的绕行方向。

(2)列写节点电流方程。对有 n 个节点的电路,只能得到$(n-1)$个独立的 KCL 方程。

(3)列写回路电压方程。独立的 KVL 方程数为单孔回路(网孔)的数目:$b-(n-1)$。

(4)求解联立方程组,即可求解出各支路电流,进而求解电路中其他未知量,如电压、功率等。

【例 2-5-2】　电路如图 2-5-6 所示,已知 $E_1=42\text{V}$,$R_1=12\Omega$,$R_2=3\Omega$,$R_3=6\Omega$。求各支路电流。

解:该电路为简单电路,R_2与R_3先并联后再与R_1串联,电路化简后如图 2-5-7 所示,并可判断出电流的实际方向如图所示。

电路总电阻　$$R=R_1+\frac{R_2\cdot R_3}{R_2+R_3}=12+\frac{3\times6}{3+6}=14\Omega$$

电路中总电流　$$I=I_1=\frac{E_1}{R}=\frac{42}{14}=3\text{A}$$

由电流 I 的方向可判断出,电流 I_2的实际方向与图中所标的参考方向相反,电流 I_3的实际方向与参考方向一致。根据并联分流原理容易得出:

$$I_2 = -I\frac{R_3}{R_2 + R_3} = -3 \times \frac{6}{3+6} = -2\text{A}$$

$$I_3 = I\frac{R_2}{R_2 + R_3} = 3 \times \frac{3}{3+6} = 1\text{A}$$

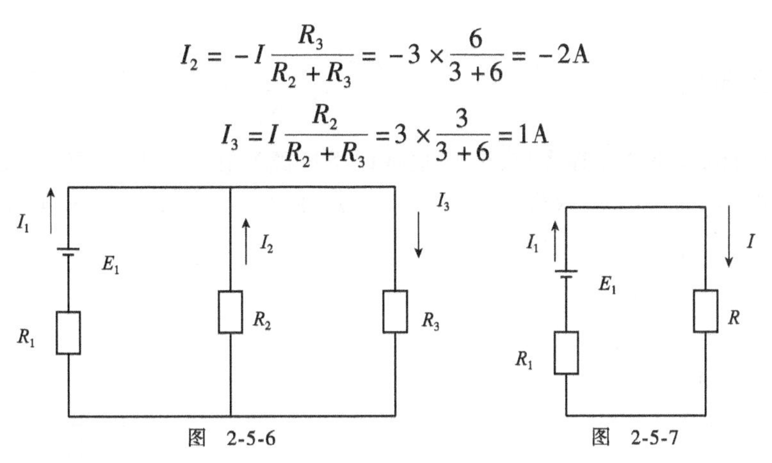

图　2-5-6　　　　图　2-5-7

【例2-5-3】　电路如图2-5-8所示，已知 $E_1 = 42\text{V}$，$E_2 = 21\text{V}$，$R_1 = 12\Omega$，$R_2 = 3\Omega$，$R_3 = 6\Omega$，求各支路电流。

解：该电路为复杂电路，我们可以用支路电流法来计算。各支路电流参考方向已在电路图中标出。共有三条支路，应列出3各独立方程。

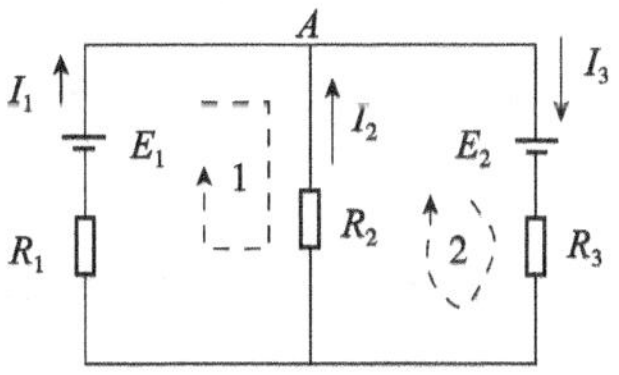

图　2-5-8

先列节点电流方程，电路中有两个节点，列1个各节点电流方程

$$I_1 + I_2 = I_3$$

再列回路电压方程，选择电路中的两个网孔来列。回路绕行方向如图所示，则有

$$-I_2R_2 + I_1R_1 - E_1 = 0$$

$$E_2 + I_3R_3 + I_2R_2 = 0$$

代入数据得：

$$\begin{cases} I_1 + I_2 = I_3 \\ -3I_2 + 12I_1 - 42 = 0 \\ 21 + 6I_3 + 3I_2 = 0 \end{cases}$$

解此方程组可得：

$$\begin{cases} I_1 = 2.5\text{A} \\ I_2 = -4\text{A} \\ I_3 = -1.5\text{A} \end{cases}$$

【例2-5-4】　如图2-5-9电路，已知 $I_1 = 2\text{A}$，$I_2 = 1\text{A}$，$I_3 = -1\text{A}$，$R_1 = R_2 = R_3 = 6\Omega$，$E_1 = 9\text{V}$，$U_{ab} = 6\text{V}$，求：电源电动势 E_2。

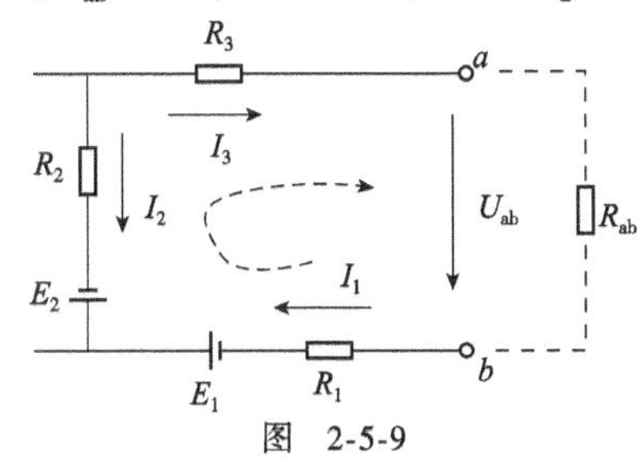

图　2-5-9

解：假设不闭合两端点 ab 间接有一电阻 R_{ab}，它产生的电压为 U_{ab}，则此电路构成了一个假想的闭合回路。

任意选定绕行方向，据回路电压定律得：

$$I_1R_1 - E_1 + E_2 - I_2R_2 + I_3R_3 + U_{ab} = 0$$

解之得：　　$E_2 = 3\text{V}$

结论：回路电压定律可推广用于不闭合的假想回路。

【任务实施】

本任务在直流电路单元板上进行(或根据以下电路装接)。在实训室2人一组互相配合,正确使用电工工具和仪器仪表进行操作,电路如图2-5-10所示。注意操作过程中的人身、设备安全,并注意遵守劳动纪律。

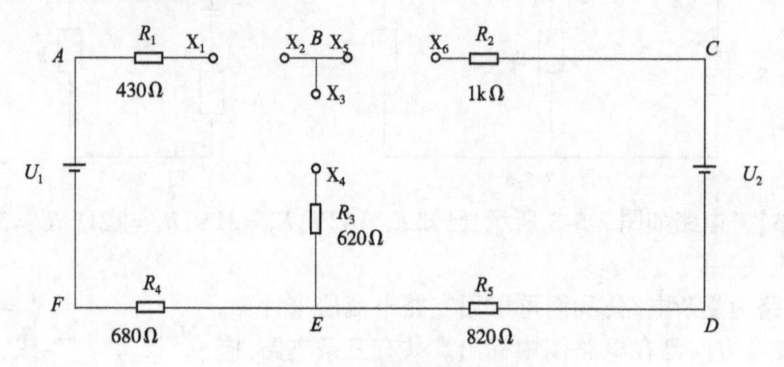

图2-5-10　直流电路单元板

图中X_1、X_2、X_3、X_4、X_5、X_6为节点B的三条支路电流测量接口。

一、工具及仪器仪表

1. 仪器仪表

直流稳压电源2台(或双输出端直流稳压电源1台),数字式万用表1只。

2. 器材

直流电路单元板一块(或根据电路图2-5-10事先装接好实验线路),连接导线若干。

二、测量步骤及要求

由图2-5-10可知,该电路是一复杂电路。它有三条支路、两个节点、两个网孔、三个回路。我们可以通过测量节点上各支路电流以及回路中元件上的电压来验证基尔霍夫定律。

1. 验证基尔霍夫电流定律(KCL)

测量电路中各支路电流之间关系:

如图2-5-11所示,对于B点,可写出节点电流定律表达式:$I_1+I_2=I_3$

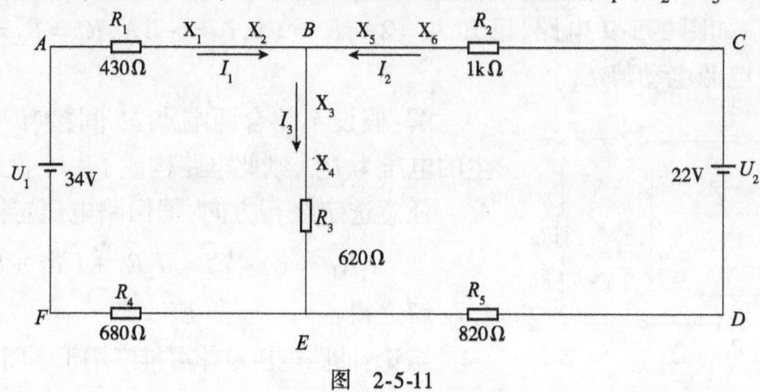

图　2-5-11

验证 KCL 时，若假定流入该节点的电流为正，则应将表笔负极接在节点接口上，表笔正极接到支路接口上，如图 2-5-12 所示。反之亦然。将测量结果填入表 2-5-1 的第 5 步骤中。

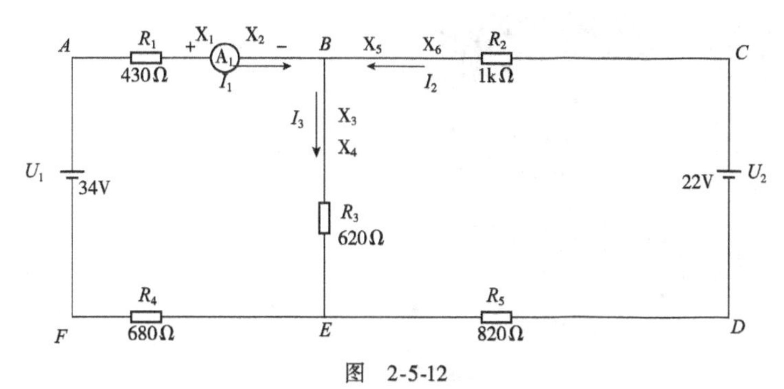

图　2-5-12

测量某一支路的电流时，将电流表的两支表笔接在该支路接口上，并将另两个接口用线短接。

测试步骤见表 2-5-1。

验证基尔霍夫电流定律测试步骤　　　　表 2-5-1

步骤	测 量 过 程	注意事项及要求
1		测量用的实验电路如图所示
2		测量 I_1： 将数字电流表的“+”极接在 X_1 端，“-”极接在 X_2 端。并分别将 X_5-X_6、X_3-X_4端口短接。将测量结果填入步骤 5 的表格中

续上表

<table>
<tr><th>步骤</th><th>测 量 过 程</th><th>注意事项及要求</th></tr>
<tr><td>3</td><td> 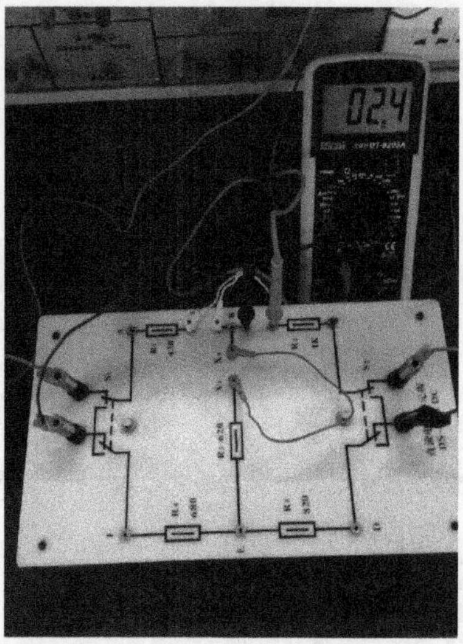</td><td>测量 I_2：
将数字电流表的“+”极接在 X_6 端，“-”极接在 X_5 端。并分别将 X_1-X_2、X_3-X_4 端口短接。将测量结果填入步骤 5 的表格中</td></tr>
<tr><td>4</td><td> 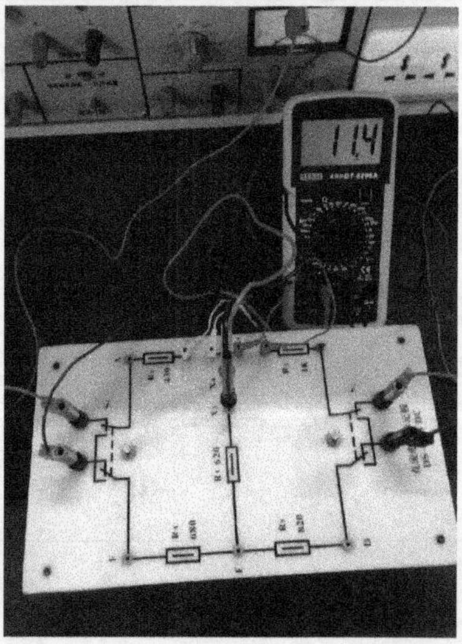</td><td>测量 I_3：
将数字电流表的“+”极接在 X_3 端，“-”极接在 X_4 端。并分别将 X_1-X_2、X_5-X_6 端口短接。将测量结果填入步骤 5 的表格中</td></tr>
<tr><td>5</td><td><table>
<tr><th></th><th>测量值</th><th>计算值</th><th>误差</th></tr>
<tr><td>I_1(mA)</td><td></td><td></td><td></td></tr>
<tr><td>I_2(mA)</td><td></td><td></td><td></td></tr>
<tr><td>I_3(mA)</td><td></td><td></td><td></td></tr>
<tr><td>$\sum I$ =</td><td></td><td></td><td></td></tr>
</table></td><td>根据测量数据，验证节点电流定律。
(1)测量正确时，应满足 $I_1 + I_2 = I_3$。若不能满足，则请认真检查测量步骤，分析原因；
(2)将测量所得 I_1、I_2、I_3 与依据节点电流定律计算所得数据进行比较，是否一致。若不一致分析产生误差的原因</td></tr>
</table>

2. 验证基尔霍夫电压定律（KVL）

用连接导线将三个电流接口短接。取两个验证回路，回路1为*ABEFA*，回路2为*BCDEB*，如图2-5-13所示。用电压表依次测量*ABEFA*回路中各电压U_{AB}、U_{BE}、U_{EF}和U_{FA}，*BCDEB*回路中各电压U_{BC}、U_{CD}、U_{DE}、U_{EB}，将测量结果填入表2-5-2中。

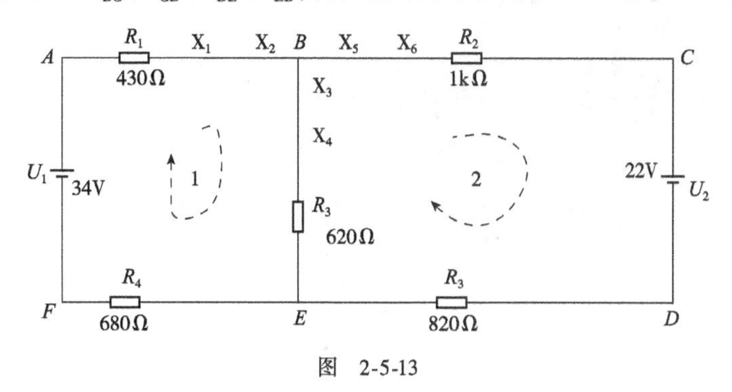

图　2-5-13

测试步骤见表2-5-2。

验证基尔霍夫电流定律测试步骤　　表2-5-2

步骤	测 量 过 程	注意事项及要求
1		测量用的实验电路如图2-5-13所示。用连接导线分别将三个电流接口短接，选取回路1为*ABEFA*，回路2为*BCDEB*
2		测量电压U_{AB}，将测量结果填入步骤6的表格中

续上表

<table>
<tr><th>步骤</th><th>测 量 过 程</th><th>注意事项及要求</th></tr>
<tr><td>3</td><td> 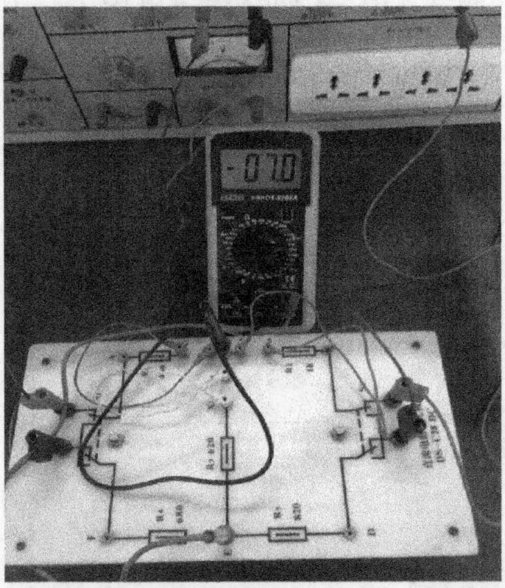</td><td>测量电压 U_{BE}，将测量结果填入步骤 6 的表格中</td></tr>
<tr><td>4</td><td> 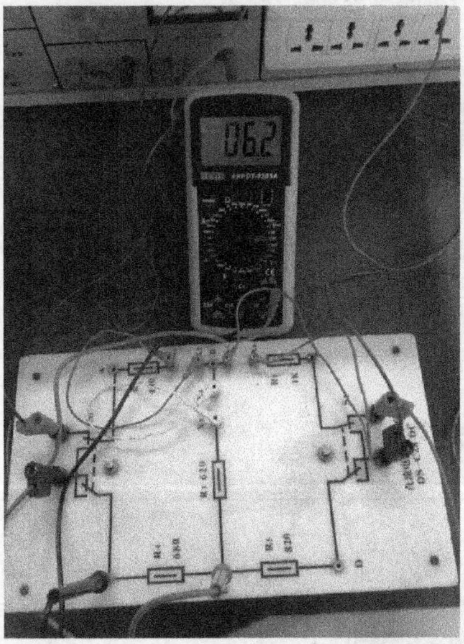</td><td>测量电压 U_{EF}，将测量结果填入步骤 6 的表格中</td></tr>
<tr><td>5</td><td>同上</td><td>测量电压 U_{FA}，将测量结果填入步骤 6 的表格中</td></tr>
<tr><td>6</td><td><table>
<tr><th>项目</th><th>测量值</th><th>计算值</th><th>误差</th></tr>
<tr><td>U_{AB}</td><td></td><td></td><td></td></tr>
<tr><td>U_{BE}</td><td></td><td></td><td></td></tr>
<tr><td>U_{EF}</td><td></td><td></td><td></td></tr>
<tr><td>U_{FA}</td><td></td><td></td><td></td></tr>
<tr><td>$\sum U =$</td><td></td><td></td><td></td></tr>
</table></td><td>根据测量数据，验证回路电压定律。
(1)测量正确时，应满足 $U_{AB}+U_{BE}+U_{EF}+U_{FA}=0$，若不能满足请认真检查测量步骤，分析原因；
(2)将测量所得 U_{AB}、U_{BE}、U_{EF}、U_{FA} 与依据回路电压定律计算所得数据进行比较，确定是否一致；若不一致，则应分析产生误差的原因</td></tr>
</table>

续上表

<table>
<tr><th>步骤</th><th>测 量 过 程</th><th>注意事项及要求</th></tr>
<tr><td>7</td><td>
<table>
<tr><th>项目</th><th>测量值</th><th>计算值</th><th>误差</th></tr>
<tr><td>U_{BC}</td><td></td><td></td><td></td></tr>
<tr><td>U_{CD}</td><td></td><td></td><td></td></tr>
<tr><td>U_{DE}</td><td></td><td></td><td></td></tr>
<tr><td>U_{EB}</td><td></td><td></td><td></td></tr>
<tr><td>$\sum U=$</td><td></td><td></td><td></td></tr>
</table>
</td><td>参照步骤2~6,分别测量 U_{BC}、U_{CD}、U_{DE}、U_{EB},填入左边的表格中并与计算结果进行比较,分析误差原因</td></tr>
</table>

【任务评价】

项目	内　　容	配分	考 核 要 求	扣 分 标 准	自评分	教师评分
工作态度	(1)工作的积极性; (2)安全操作规程的遵守情况; (3)纪律遵守情况和团结协作精神	20	工作过程积极参与,遵守安全操作规程和劳动纪律,有良好的职业道德、敬业精神及团结协作精神	违反安全操作规程扣20分,其余不达要求酌情扣分; 当实训过程中他人有困难能给予热情帮助则加5~10分		
理论知识	应用支路电流法及欧姆定律进行电路计算	30	(1)应用支路电流法,正确计算电路中各直流电流 I_1、I_2、I_3(包括正负号); (2)根据所学知识,正确计算电路中各元件两端电压 U_{AB}、U_{BE}、U_{EF}、U_{BC}、U_{CD}、U_{DE}、U_{EB}	(1)列出支路电流法方程组,每错一个表达式扣5分; (2)各电流、电压计算结果,错误一处扣2分		
数据测量	根据工作任务要求,选用合适的仪表及其挡位,测量电路的电流、电压	30	(1)电流表测量电流时应串联在被测支路中; (2)根据支路电流参考方向正确地连接数字式电流表(数字式万用表的 mA 挡)的"+"、"-"极; (3)电压表测量电压时应与被测电路并联; (4)根据各电压参考方向正确地连接数字式电压表(数字式万用表的电压挡)的"+"、"-"极; (5)选择合适的量程	(1)电流表并联在电路中,扣25分; (2)电压表串联在电路中,扣25分; (3)电压表、电流表量程选择不合理每次扣3分; (4)电压、电流表数据读取错误每次扣3分; 以上各项扣满30为止		

续上表

项目	内　容	配分	考核要求	扣分标准	自评分	教师评分
工作报告	(1)工作报告内容； (2)工作报告卷面	20	工作报告内容完整，测量数据准确合理； 工作报告卷面整洁	工作实训报告内容欠完整，酌情扣分； 工作报告卷面欠整洁，酌情扣分		
合计		100				

注：各项配分扣完为止。

思考与练习题

1. 如图 2-5-14 所示电路，已知 $I_1=4\text{A}$，$I_3=-1\text{A}$，$R_1=12\Omega$，$R_2=3\Omega$，$R_3=6\Omega$，试求：支路电流 I_2和电源电动势 E_1、E_2。

2. 如题图 2-5-15 所示电路，电流表的读数为 0.2A，电源电动势 $E_1=12\text{V}$，电路电阻 $R_1=R_2=10\Omega$，$R_2=R_4=5\Omega$，求 E_2的大小。

3. 如图 2-5-16 所示电路，求 6Ω 电阻所通过的电流。当该电阻为何值时可获得最大功率，并求出最大功率值。

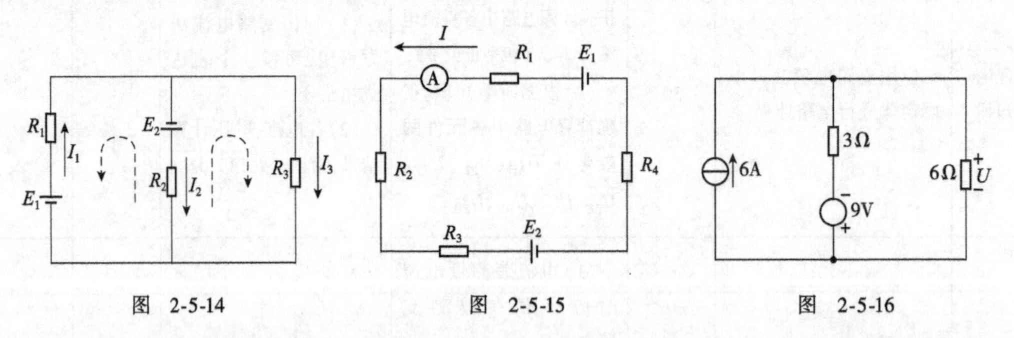

图　2-5-14　　图　2-5-15　　图　2-5-16

4. 如图 2-5-17 所示电路。已知 $U_{S1}=13\text{V}$，$R_1=1\Omega$，$U_{S2}=15\text{V}$，$R_2=0.5\Omega$ 测得 A、B 两点间电压 $U_{AB}=2.4\text{V}$。求各支路电流 I_1、I_2、I_3及电阻 R_3。

5. 如图 2-5-18 所示电路。$E_1=120\text{V}$，$E_2=130\text{V}$，$R_1=10\Omega$，$R_2=2\Omega$，$R_3=10\Omega$，试求流过 R_3的电流。

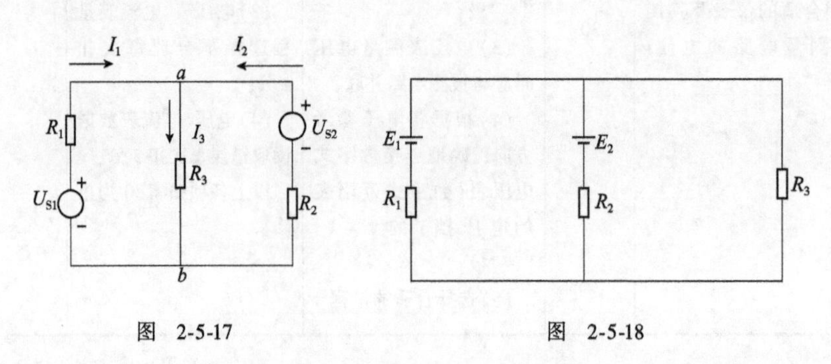

图　2-5-17　　图　2-5-18

任务六　安装、检修日光灯照明线路

【任务目标】

1. 认识日光灯照明电路各元件外观与电路符号；
2. 了解日光灯照明线路主要元件的工作原理；
3. 掌握日光灯线路的接线方法，学会安装日光灯；
4. 学会使用功率表、电流表、电压表。

【任务分析】

在前面的任务中我们学习了一些简单的照明电路安装，而在家庭照明电路中，日光灯电路是最为常见的照明电路之一。家中买来一套日光灯具，应该如何安装？日光灯又是怎样工作的？安装完成后日光灯的功率因数是多少？如何提高？这些都将在这节任务中一起研究探讨。完成本任务将了解日光灯电路工作原理以及提高功率因数的意义和方法。

【知识导航】

一、日光灯电路的组成和工作原理

1. 日光灯电路的组成

日光灯电路是由灯管、镇流器和启辉器三部分组成，如图 2-6-1 所示。

1）日光灯

日光灯管内壁涂有一层荧光物质，灯管两端各有一组灯丝，灯丝上涂有易使电子发射的金属氧化物，管内抽成真空后再充入氩气和少量水银蒸气（图 2-6-2）。

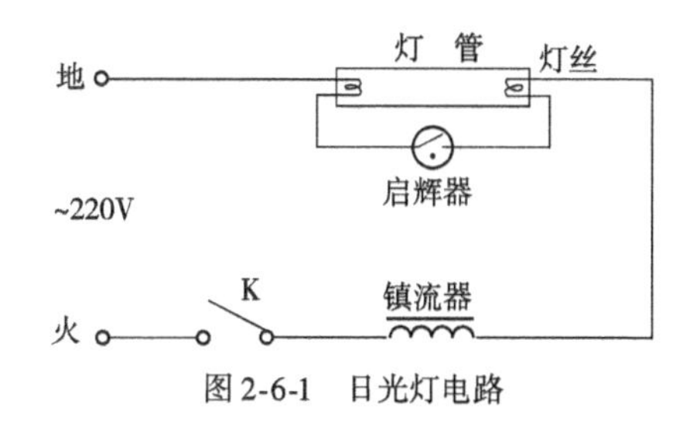

图 2-6-1　日光灯电路

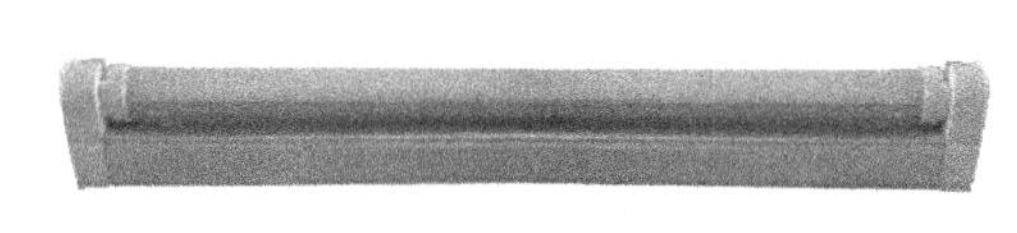
图 2-6-2　日光灯

2）镇流器

日光灯镇流器是一个绕在用硅钢片叠成的铁芯上的电感线圈，与启辉器配合产生脉冲高压（图 2-6-3）。其作用是：

（1）限制灯管的电流；

（2）产生足够的自感电动势，使灯管容易放电起燃。

3）启辉器

由氖泡和纸介电容组成，氖泡内有一对触片。冷态时两电极分离，受热时双金属片会因受热而变弯曲，使两电极自动闭合。它在日光灯电路中起自动开关的作用。两个触片间并联一个小电容器，是为了消除两触片断开瞬间产生的电火花对附近无线电设备的干扰（图 2-6-4）。

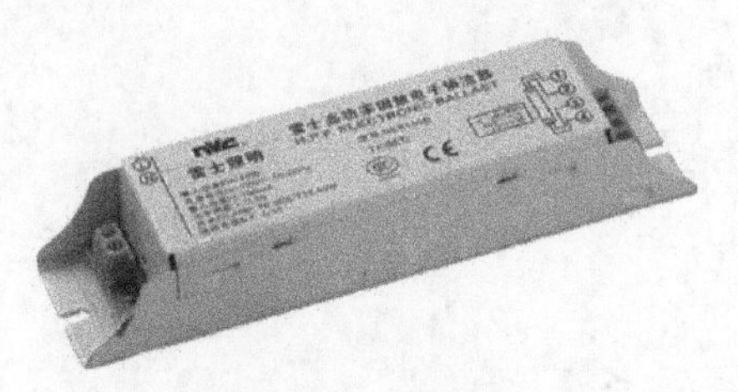

图 2-6-3　镇流器

图 2-6-4　启辉器

2. 日光灯的发光过程

在图 2-6-1 所示电路中，当电源刚接通时，电源电压全部加在启辉器两端（此时日光灯管尚未点亮，在电路中相当于开路），启辉器两电极产生辉光放电，使上金属片受热膨胀而与静触点接触，电源经镇流器、灯丝、启辉器构成电流通路使灯丝预热，如图 2-6-5 所示，经 1～3s 后，由于启辉器的两个电极接触使辉光放电停止，双金属片冷却使两个电极分离。在电极断开瞬间，电流被突然切断，于是在镇流器两端产生较高的自感电动势（可达 400～600V），这个自感电动势与电源电压共同加在已预热的灯管两端的灯丝间，使管内气体电离而放电，激发荧光物质发出近似日光的光线来，因此称为日光灯，又称荧光灯。

日光灯点亮后的电路如图 2-6-6 所示。这时灯管两端电压较低，约 50～100V 之间，电源电压大部分降在镇流器 L 上。因此，启辉器不能再发生辉光放电。也就是说，日光灯点亮后，启辉器始终断开，不起作用。

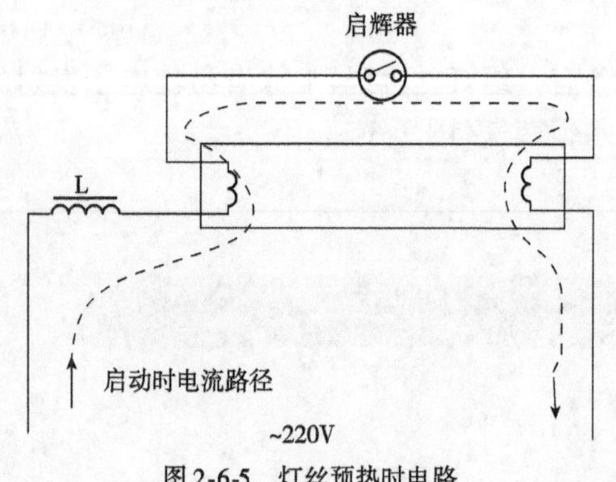

图 2-6-5　灯丝预热时电路

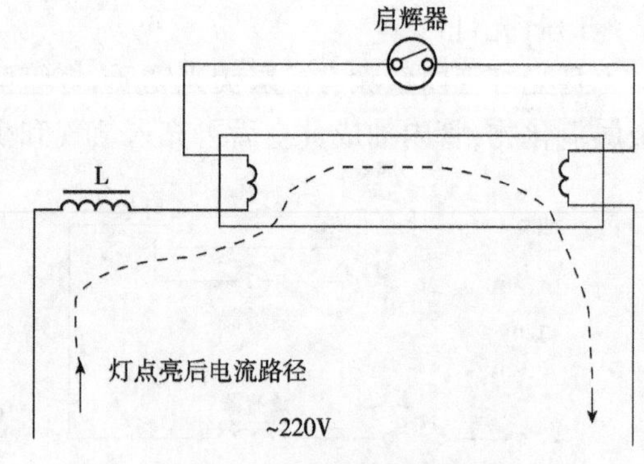

图 2-6-6　日光灯点亮后的电路

二、日光灯正常工作时的等效电路

日光灯点亮后，日光灯电路可以用图 2-6-7 所示的等效电路来表示。通过测量镇流器和灯管两端的电压，可以观察电路中各电压的分配情况。

由等效电路可看出，日光灯电路可等效为一个 R-L 串联交流电路，如图 2-6-8 所示。

由于是串联电路，故通过各元件的电流相同。

总电压和各分电压的数量关系为：

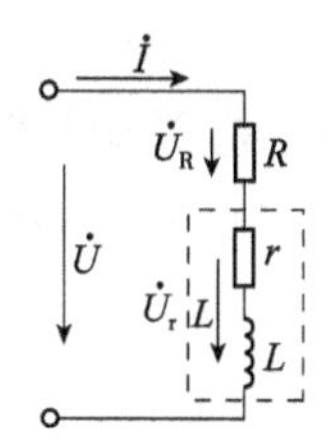

图2-6-7　日光灯点亮后的等效电路

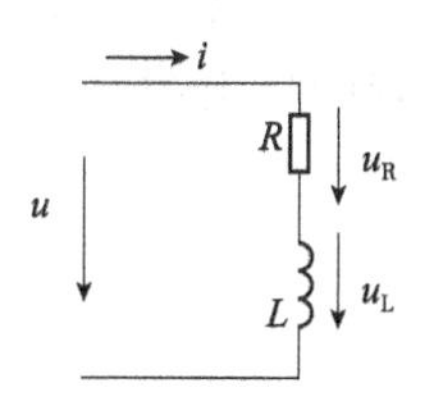

图2-6-8　R-L串联电路

$$U=\sqrt{U_R^2+U_L^2}$$

又因 $U_R=IR, U_L=IX_L$，将它们代入上式便可求得总电压和电流的数量关系为：

$$U=\sqrt{(IR)^2+(IX_L)^2}=I\sqrt{R^2+X_L^2}$$

令

$$Z=\sqrt{R^2+X_L^2}$$

则

$$U=IZ$$

由此可得常见的欧姆定律形式：

$$I=\frac{U}{Z}$$

式中，Z 在电路中起着阻碍电流通过的作用，称为电阻的阻抗，单位为欧姆(Ω)。上式与直流电路欧姆定律具有类似的形式，称为交流电路的欧姆定律。

三、日光灯电路功率因数

在R-L电路中，电阻消耗电能即有功功率 $P=IU_R=I^2R$，电感与电源进行能量交换即无功功率 $Q_L=IU_L=I^2X_L$。电源提供的总功率，即电路两端的电压与电流有效值的乘积，叫视在功率，以S表示，其数学式为：

$$S=UI=I^2\sqrt{R^2+X_L^2}$$

有功功率与视在功率的比值称为功率因数，用 λ 表示即

$$\lambda=\cos\varphi=\frac{P}{S}=\frac{R}{\sqrt{R^2+X_L^2}}$$

式中，φ 为总电流和总电压的相位差，称为功率因数角，该值的大小与电路参数有关。

很明显，φ 角越小，功率因数 $\cos\varphi$ 越高。

显然，在供电设备容量(即视在功率) S 一定的情况下，$\cos\varphi$ 值越低，有功功率 P 越小，设备的容量越得不到充分利用。

由于镇流器感抗较大，日光灯电路的功率因数是比较低的，通常在0.5左右。过低的功率因数对供电和用户来说都是不利的，提高功率因数常用的方法是给电路并联上合适的电容器，利用电容器的无功功率和电感所需的无功功率相互补偿，达到提高功率因数的目的。

要想将功率因数提高到希望的数值，只要选择恰当的电容量即可。并联电容器提高功

率因数应注意以下几个问题：

(1)并联电容后，负载的工作仍然保持原状态，其自身的功率因数($\cos\varphi_{RL}$)并没有提高，只是整个电路的功率因数($\cos\varphi$)得到提高。

(2)并联电容器后，电路的总电流由I_{RL}减少为I，是由于功率因数提高，减少了线路电流。

(3)功率因数的提高不要求达到$\cos\varphi=1$，因为此时电路处于并联谐振状态，会给电路带来其他不利情况。

【例2-6-1】 在220V、50Hz交流电源上接入日光灯电路，它消耗的有功功率为5kW，功率因数为0.6，供电局一般要求用户的$\cos\varphi>0.85$，要将功率因数提高到0.85，则应并联多大的电容器？

解：并联电容器以前功率因数$\cos\varphi_{RL}=0.6$，对应的功率因数为

$$\varphi_{RL}=\arccos 0.6=53°$$

视在功率为

$$S_{RL}=\frac{P}{\cos\varphi_{RL}}=\frac{5\times10^3}{0.6}\text{V}\cdot\text{A}=8.3\text{kV}\cdot\text{A}$$

无功功率为

$$Q_{RL}=S_{RL}\sin\varphi_{RL}=8.3\times10^3\times\sin53°\text{var}=6.63\text{kvar}$$

并联电容器后有功功率不变，但其功率因数要提高到0.85，其对应的功率因数角为

$$\varphi=\arccos 0.85=31.79°$$

并联电容器后电路的视在功率为

$$S=\frac{P}{\cos\varphi}=\frac{5\times10^3}{0.85}\text{V}\cdot\text{A}=5.8\text{kV}\cdot\text{A}$$

并联电容器后电路的无功功率为

$$Q=S\cdot\sin\varphi=5.8\times10^3\times\sin31.79°\text{var}=3.1\text{kvar}$$

与并联电容器以前相比，所需的无功功率减少了，这部分无功功率是由电容提供的，所以电容的无功功率的绝对值为

$$|Q_C|=|Q-Q_{RL}|=|3.1-6.63|=3053\text{kvar}$$

这时电容中的电流为

$$I_C=\frac{|Q_C|}{U}=\frac{3.53\times10^3}{220}=16\text{A}$$

电容容抗为

$$X_C=\frac{U}{I_C}=\frac{220}{16}=13.75\Omega$$

所需并联的电容为

$$C=\frac{1}{2\pi fX_C}=\frac{1}{2\times3.14\times50\times13.75}\text{F}=232\mu\text{F}$$

【任务实施】

在实训室2人一组互相配合，按照电路图在实验台上连接日光灯电路，将仪表正确连接在电路中，测量电流、电压和功率数据，填写表格。注意操作过程的人身、设备安全，并注意遵守劳动纪律。

一、工具及仪器仪表

实验仪器仪表见表2-6-1。

实验仪器仪表　　表2-6-1

序号	名　称	型号与规格	数量	备注	序号	名　称	型号与规格	数量	备注
1	单相交流电源	0～220V	1		6	镇流器		1	DGJ－04
2	三相自耦调压器	—	1		7	电容器	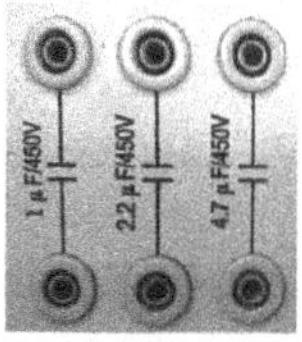	3	DGJ－05
3	交流电压表	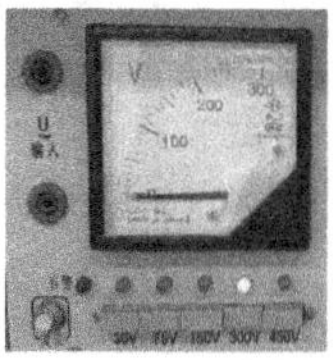	1	—	8	启辉器	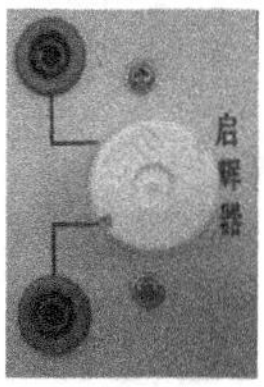	1	DGJ－04
4	交流电流表		1	—	9	日光灯管	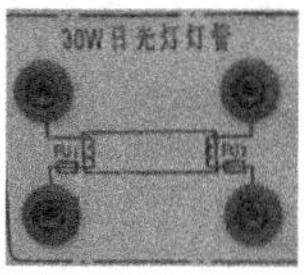	1	—
5	功率表		1	—					

二、测量步骤及要求

1. 日光灯电路安装

根据电路图2-6-1连接实验台上日光灯电路。合上开关K后，从电源引入220V单相交流电，经过镇流器和日光灯灯丝送电给启辉器，启辉器使灯丝预热，镇流器两端产生较高的自感电动势，这个自感电动势与电源电压共同加在已预热的灯管两端的灯丝间，使灯丝发射大量电子，并使管内气体电离而放电，日光灯被点亮。日光灯电路安装步骤如表2-6-2所示。

安 装 步 骤　　表2-6-2

步骤	安 装 过 程	注意事项及要求
1		根据电路图，在实验台上连接相应元器件。注意：日光灯两端的熔断丝应与镇流器相连，接入日光灯点亮后正常工作的电路中
2		经指导教师检查后，接通交流220V电源，观察日光灯电路工作特点

2. 日光灯电路电流、电压和电能的测量

根据电路图2-6-9日光灯电路，并将电流表、电压表和功率表正确连接在电路中。其中电压表并联在电路中，而电流表串联在电路中。安装测量步骤如表2-6-3所示。

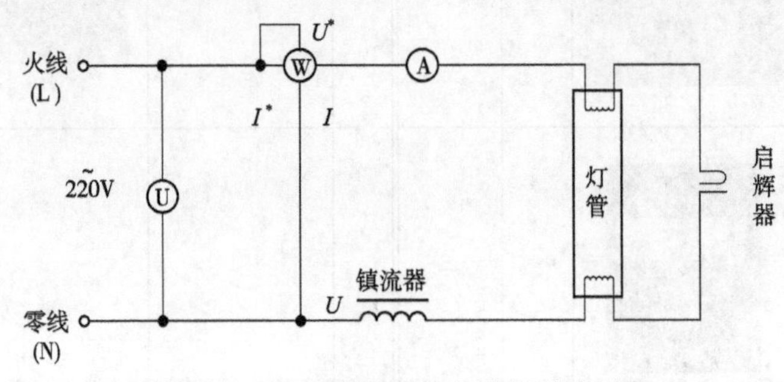

图2-6-9　日光灯电路电流、电压和电能的测量

安 装 测 量 步 骤　　表 2-6-3

<table>
<tr><th>步骤</th><th>安 装 测 量 过 程</th><th>注意事项及要求</th></tr>
<tr><td>1</td><td></td><td>连接日光灯电路</td></tr>
<tr><td>2</td><td></td><td>接入功率表和电流表，其中电流表选择 1A 挡</td></tr>
<tr><td>3</td><td></td><td>接入电压表，电压表选择 300V 挡</td></tr>
<tr><td>4</td><td><table>
<tr><td>项目</td><td>P(W)</td><td>I(A)</td><td>U(V)</td><td>U_L(V)</td><td>U_A(V)</td></tr>
<tr><td>启辉器</td><td></td><td></td><td></td><td></td><td></td></tr>
<tr><td>正常工作值</td><td></td><td></td><td></td><td></td><td></td></tr>
</table></td><td>经指导教师检查后，接通交流 220V 电源，调节自耦调压器的输出，使其输出电压缓慢增大，直到启辉器闪烁，日光灯点亮的瞬间，记录下三表的指示值，然后将电压调至 220V，记录三表的数据</td></tr>
</table>

3. 交流电路功率因数的提高

根据电路图 2-6-10 日光灯电路，并将电流表、电压表和功率表正确连接在电路中。电容 C_1、C_2、C_3 根据实验要求依次接入电路中。

由于电流表必须串联在电路中，所以我们使用测量电路辅助插孔（图 2-6-11）来简化测量过程。安装测量步骤如表 2-6-4 所示。

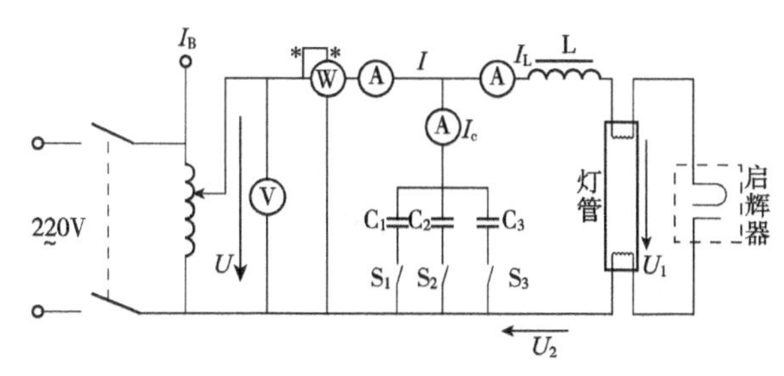

图 2-6-10　并联电容提高功率因数

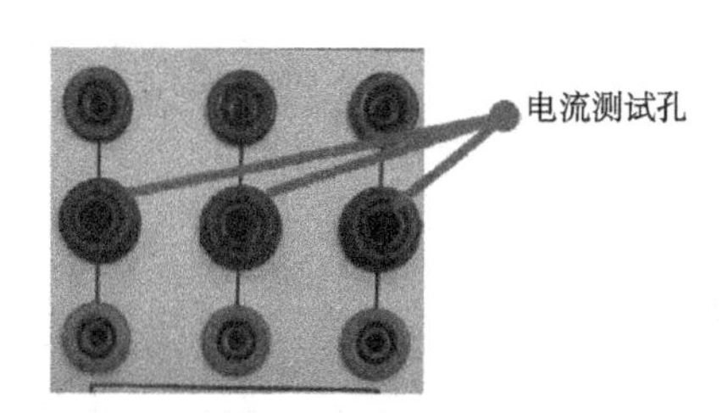

图 2-6-11　电流测量辅助插孔

安装测量步骤 表2-6-4

步骤	测量过程	注意事项及要求	步骤	测量过程	注意事项及要求
1	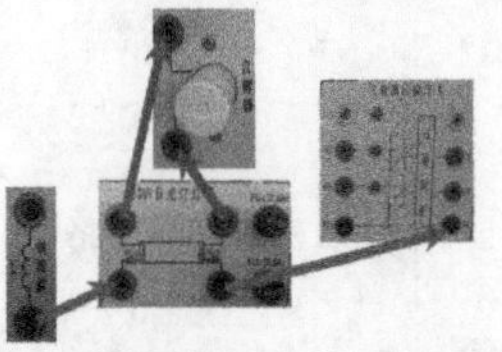	连接日光灯电路	3	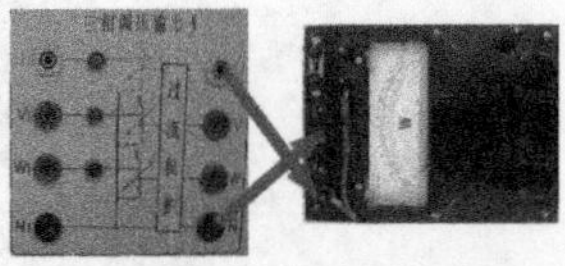	连接功率表
2	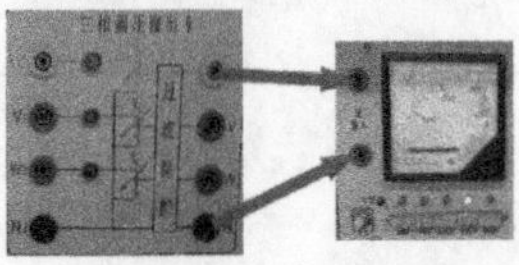	连接电压表,电压表挡位300V	4	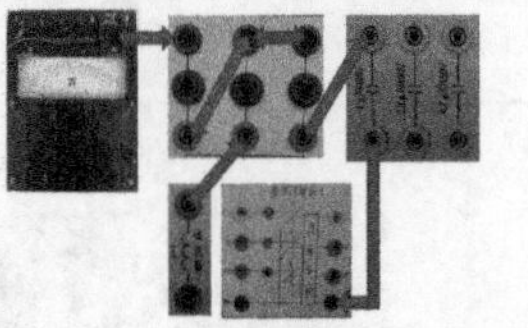	连接电流测量辅助插孔及电容

步骤	测量过程	注意事项及要求
5	(见下表)	经指导教师检查后,接通交流220V电源,调节调压器的输出调至220V,记录功率表、电压表读数及通过辅助测量孔测量三条支路的电流。改变电容值,进行重复测量

电容值	测量数值				计算值	
(μF)	$P_{(w)}$	$U_{(v)}$	$I_{L(A)}$	$I_{C(A)}$	$I_{(A)}$	$\cos\varphi$
0						
1						
2.2						
4.7						

实验注意事项:

(1)本实验用交流市电220V,务必注意用电和人身安全;

(2)在接通电源前,应先将调压器手柄置于零位上;

(3)功率表要正确接入电路,读数时要注意量程和实际读数间的换算关系;

(4)如线路接线正确,日光灯不能启辉时,应检查启辉器及其接触是否良好。

【任务评价】

项目	内容	配分	考核要求	扣分标准	得分
工作态度	(1)工作的积极性; (2)安全操作规程的遵守情况; (3)纪律遵守情况和团结协作精神	20	工作过程积极参与,遵守安全操作规程和劳动纪律,有良好的职业道德、敬业精神及团结协作精神	违反安全操作规程扣20分,其余不达要求酌情扣分; 当实训过程中他人有困难能给予热情帮助则加5分	
理论知识	(1)认识日光灯照明电路及其元件; (2)掌握提高感性负载功率因数的方法	25	认识日光灯照明电路各元件外观与电路符号;理解日光灯照明线路主要元件的工作原理;理解提高感性负载功率因数的意义和方法	(1)不能认识日光灯电路及其组成元件扣5分; (2)不能简述日光灯照明原理扣10分; (3)不能计算日光灯电路功率因数扣10分	

续上表

项目	内　　容	配分	考核要求	扣分标准	得分
接线测量	(1)掌握日光灯线路的接线方法,学会安装日光灯; (2)学会使用功率表、电流表、电压表	35	熟练操作电工技术实验装置安装日光灯电路;熟练使用功率表、电流表、电压表测量数据并正确填写表格	(1)不能按电路图连接日光灯电路并通电测试扣20分; (2)不能正确使用功率表、电流表、电压表测量数据,每项扣5分; (3)不能按要求填写表格数据扣10分	
工作报告	(1)工作报告内容完整; (2)工作报告卷面整洁	20	工作报告内容完整,测量数据准确合理; 工作报告卷面整洁	工作任务报告内容欠完整,酌情扣分; 工作报告卷面欠整洁,酌情扣分	
合计		100			

注:各项配分扣完为止。

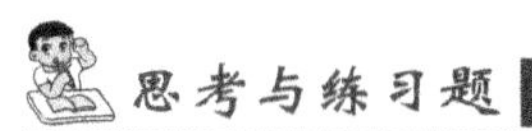

思考与练习题

1. 日光灯电路是由______、______和______三部分组成。

2. 日光灯电路功率因数过低对供电和用户来说都是不利的,一般可以用并联合适的______来提高电路的功率因数。

3. 日光灯启辉器也称日光灯继电器,由氖泡和纸介电容组成。(　　)

4. 日光灯点亮后,启辉器始终断开。(　　)

5. 过低的功率因数对供电和用户来说都是不利的,提高功率因数常用的方法是给日光灯电路并联上合适的电阻,利用电阻的无功功率和电感所需的无功功率相互补偿,达到提高功率因数的目的。(　　)

6. 日光灯电路可等效为一个 R-L 串联交流电路。(　　)

7. 镇流器主线圈的作用有两个:一是产生高压点燃灯管;二是在日光灯点燃后起限流作用。(　　)

8. 启辉器在日光灯电路中起自动开关的作用。(　　)

9. 镇流器的副线圈匝数仅占主线圈匝数的50%左右,起改善启动性能的作用。(　　)

10. 日光灯是一根充有少量水银蒸汽的细长管,管内壁涂有一层荧光物质,灯管两端各有一组灯丝,灯丝上涂有易使电子发射的金属氧化物,管内抽成真空后再充入(　　)和少量水银蒸气。

A. 氩气　　B. 氧气　　C. 氢气　　D. 氯气

11. 日光灯镇流器是一个绕在用硅钢片叠成的铁芯上的电感线圈,与启辉器配合产生脉冲高压。其作用是:限制灯管的(　　);产生足够的自感电动势,使灯管容易放电起燃。

A. 电压　　B. 电流　　C. 电感　　D. 电动势

12. 在日常生活中,当日光灯缺少了启辉器时,人们通常用一根导线将启辉器的两端短接一下,然后断开,使日光灯点亮,这是为什么?

13. 根据实验数据,分别绘制电压、电流相量图,验证相量形式的基尔霍夫定律。

14. 讨论改善功率因数的意义和方法。

15. 提高电路功率因数为什么只采用并联电容法,而不用串联法?所并联的电容器是否越大越好?

16. 在220V、50Hz交流电源上接入日光灯电路,它消耗的有功功率为5kW,功率因数为0.5,要将功率因数提高到0.8,则应并联多大的电容器?

任务七　认识三相供电方式

【任务目标】

1. 理解三相电动机作星形连接和三角形连接时线电流、相电流之间的关系;
2. 掌握三相电动机电路的正确连接方法与测量方法;
3. 正确使用测试仪表,测量三相电路电压、电流等相关数据。

【任务分析】

在前面任务中所讲的单相交流电路中的电源只有两根输出线,而且电源只有一个交变电动势。如果在交流电路中有几个电动势同时作用,每个电动势的大小相等,频率相同,只有相位不同,那么就称这种电路为多相制电路。其中每一个电动势构成的电路称为多相制电路的一相。自1888年世界上首次出现三相制以来,它一直占据着电力系统的重要领域。因此,学习三相供电方式具有重要的实用意义。

【知识导航】

一、认识三相电源

三相交流电是由三个频率相同、幅值相等、相位互差120°角的三相电源组合而成。由三相交流电源和三相负载共同组成的电路称为三相交流电路,简称三相电路。在没有特别指明的情况下,所谓三相交流电,就是指对称的三相交流电。

图2-7-1所示为三相交流发电机示意图,它主要由定子和转子两大部分组成。定子是由0.5mm厚的硅钢片叠置而成,它的内圆有槽,槽内嵌有三相绕组。转子是绕有线圈,可以转动的圆柱形铁芯,人为设计其磁极表面的磁场按正弦规律分布。当转子以均匀角速度ω转动时,在三相绕组中产生感应电压,从而形成对称三相电源。

二、对称三相正弦电压的特点

对称三相电源的电压波形如图2-7-2所示,其特点如下:

(1)它们的瞬时值或相量之和恒为零,即

$$u_1 + u_2 + u_3 = 0$$

(2)对称三相正弦电压的频率相同,幅值相等。

(3)对称三相正弦电压相位不同,互差120°。

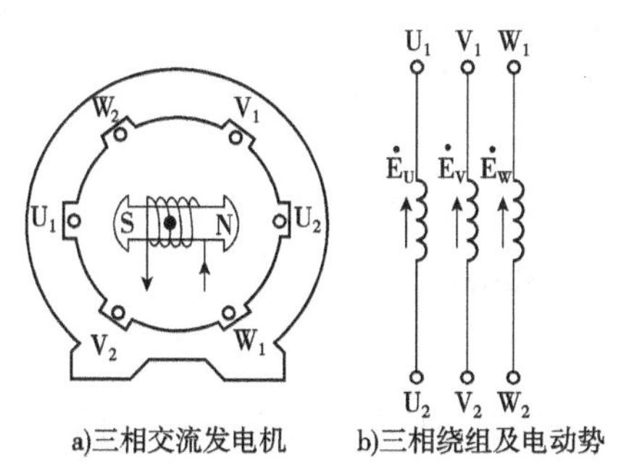

图2-7-1　三相交流发电机示意图

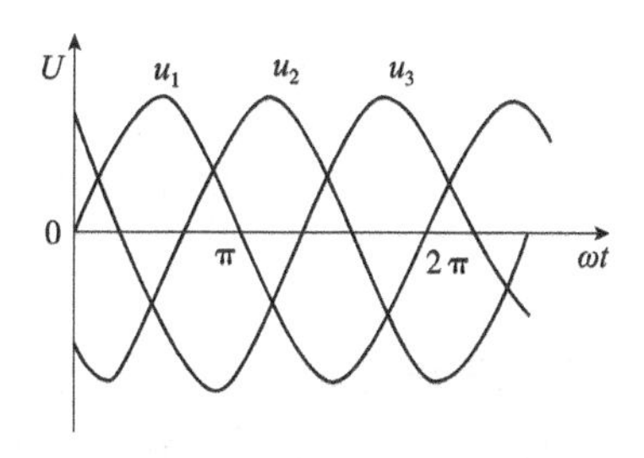

图2-7-2　对称三相电源的电压波形

三、我国电力系统的供电制

由发电厂、变配电所、输配电电路和电能用户组成的整体称为电力系统。电力系统起着电能产生、电压变换、电能分配与输送及电能使用的作用。

电力系统的示意图如图2-7-3所示。

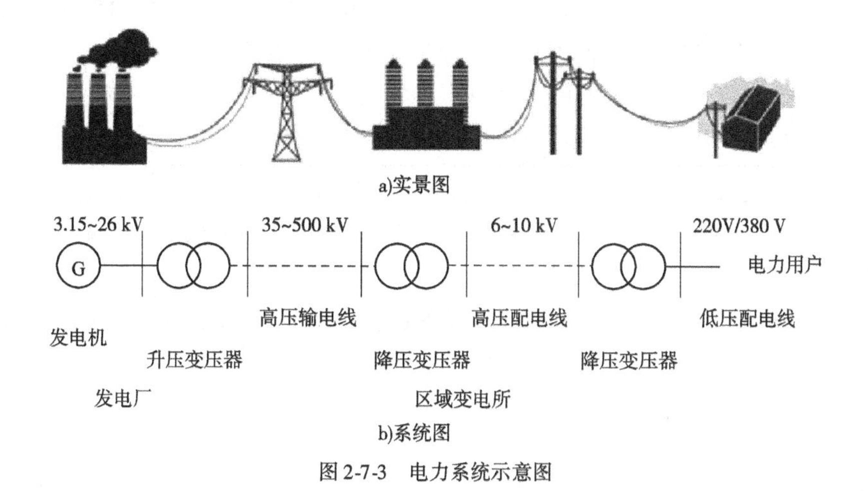

图2-7-3　电力系统示意图

1.低压配电

低压配电线路由配电室、低压线路和用电线路组成。它的作用是以220V/380V的电压向电力用户各用电设备或负荷点配电。为了合理分配电能,有效管理线路,提高线路可靠性,一般采用分级供电的方式,如:放射式、树干式等接线方式,如图2-7-4所示。

2.三相四线制

低压配电网中,输电线路一般采用三相四线制,其中三条线路分别为A、B、C(或称W、U、V)三相,通常称为火线,另一条是中性线N(区别于零线,在进入用户的单相输电线路中,有两条线,一条我们称为火线,另一条我们称为零线),故称三相四线制。

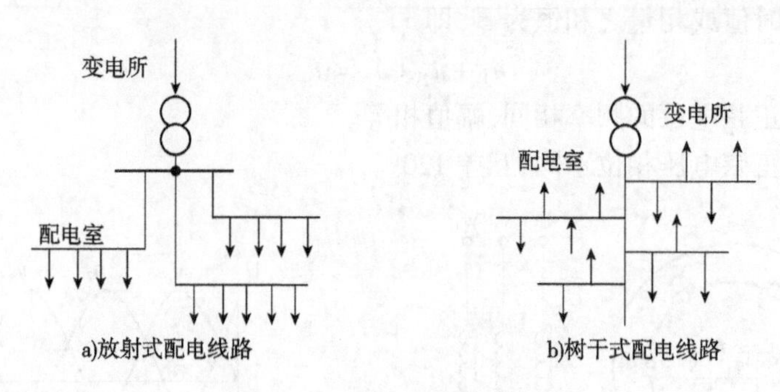

图 2-7-4　低压配电线路连接方式

3. 三相五线制

众所周知,在三相四线制供电中由于三相负载不平衡时和低压电网的零线过长且阻抗过大时,零线将有零序电流通过,过长的低压电网,由于环境恶化,导线老化、受潮等因素,导线的漏电电流通过零线形成闭合回路,致使零线也带一定的电位,这对安全运行十分不利。为了改善和提高三相四线制中低压电网的安全用电状况,消除不安全因素,380V/220V 供电系统应推广使用三相五线制。三相五线制是指 A、B、C、N 和 PE 线(或称 W、U、V、N 和 PE 线)。其中,PE 线是保护地线,用于连接设备外壳等,以保证用电安全。PE 线在供电变压器侧和 N 线接到一起,但是进入用户侧后不能当作零线使用,否则,可能在实际操作中更加容易发生触电事故。同时,三相五线制中工作零线和保护零线均由中性点引出,中性点直接接地,接地电阻不得大于 4Ω,工作零线和保护零线均重复接地,接地电阻不得大于 10Ω。三相五线制的使用连接如图 2-7-5 所示。

我国规定,民用供电线路相线之间的电压(即线电压 U_1)为 380V,相线和地线或中性线之间的电压(即相电压 U_p)均为 220V。线电压 U_1 是相电压 U_p 的$\sqrt{3}$倍,即 $U_1=\sqrt{3}U_p$。进户线一般采用单相二线制,即三个相线中的任意一相和中性线(作零线)。如遇大功率用电器,需自行设置接地线。

三相五线制标准导线颜色为:A(或 U)线黄色,B(或 V)线蓝色,C(或 W)线红色,N 线褐色,PE 线黄绿色或黑色。

四、三相负载的连接方式

三相负载可接成星形(又称“Y”接)或三角形(又称“△”接),当三相对称负载作 Y 形连接时。每相负载两端电压为电源相电压 U_P,线电流 I_1 等于相电流 I_p,即 $I_1=I_p$,如图 2-7-6 所示。

通过理论推导可知,当对称三相负载采用三相四线制接法时,流过中性线的电流 $I_0=0$,所以可以省去中性线。

不对称三相负载作 Y 连接时,必须采用三相四线制接法。而且中线必须牢固连接,以保证三相不对称负载的每相电压维持对称不变。倘若中性线断开,会导致三相负载电压的不对称,致使负载轻的那一相电压过高,使负载遭受损坏;负载重的一相相电压又过低,使负载不能正常工作。尤其是对于三相照明负载,无条件一律采用三相四线制接法。

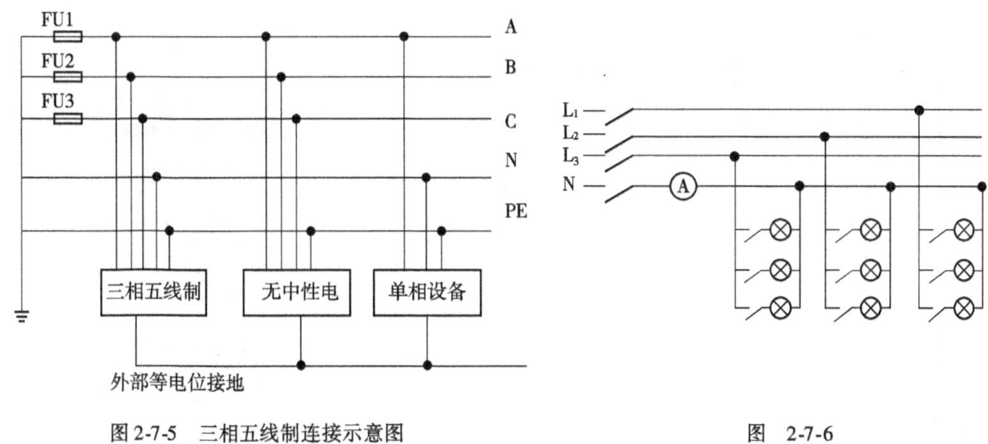

图 2-7-5　三相五线制连接示意图

图　2-7-6

【任务实施】

在实训室 2 人一组互相配合，根据电路图 2-7-7 将三相异步电动机接入三相电源，正确使用仪器仪表测量电流、电压和功率数据，填写表格。注意操作过程的人身、设备安全，并注意遵守劳动纪律。

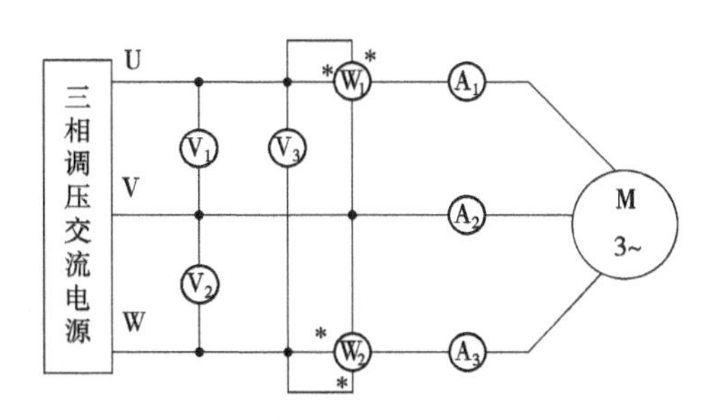

图 2-7-7　三相异步电动机试验接线图

一、工具及仪器仪表

1. 实验设备及仪表(见表 2-7-1)

实验设备及仪表　　表 2-7-1

序号	名　称	型号与规格	数量	图　示
1	三相交流电源	3Φ0 ~ 220V	1	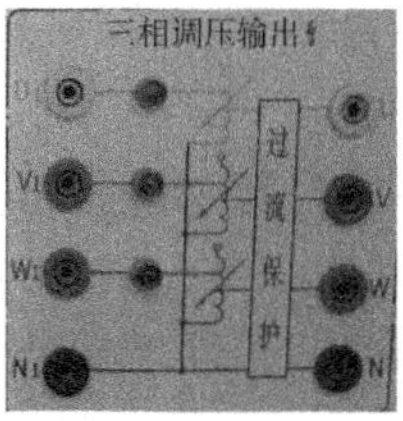

续上表

序号	名　称	型号与规格	数量	图　示
2	三相自耦调压器	—	1	
3	交流电压表	—	3	
4	交流电流表	—	3	
5	三相异步电动机	—	9	
6	功率表	—	2	

2. 三相异步电动机设备参数

电压 220/380V、接法△/Y、转速 940 转/min；

功率 1. 5kW、电流 6. 6/3. 82A、频率 50Hz、绝缘等级 E。

其中：

(1)功率：额定运行情况下，电动机转轴上输出的机械功率。

(2)电压：额定运行情况下，定子三相绕组的电源线电压值。

(3)接法：定子三相绕组接法，当额定电压为 380V 时，应为△接法，当额定电压为 220V 时，应为 Y 接法，如图 2-7-8、图 2-7-9 所示。

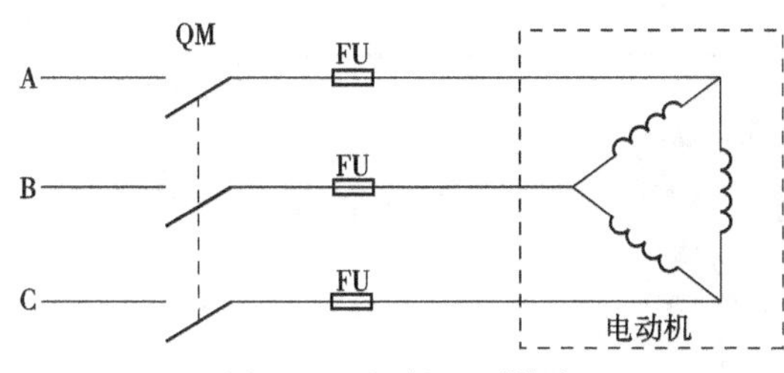

图 2-7-8　电动机△形接法

图 2-7-9　电动机 Y 形接法

(4)电流：额定运行情况下，当电动机输出额定功率时，定子电路的线电流值。

3. 改变电动机转动方向

转子的方向与旋转磁场方向一致，因此欲改变转子的转动方向，需改变三相电流的相序，即将三相电源线的任意两根火线对调，如图 2-7-10 所示。

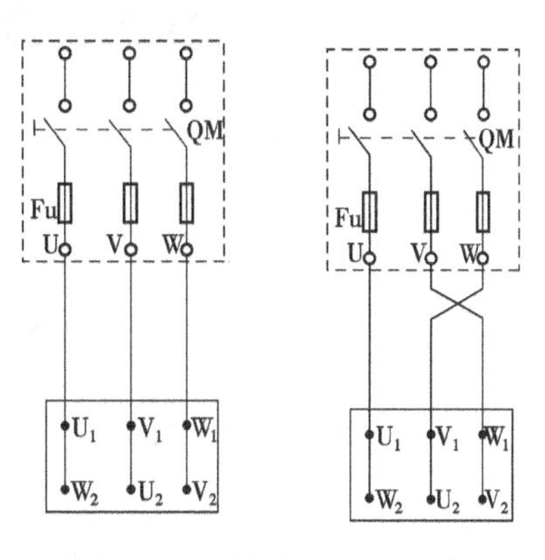

图 2-7-10　改变三相电流的相序

二、测量步骤及要求

1. 三相异步电动机接入三相电源及绕组的△形连接

根据图 2-7-7 连接实验电路，并按照图中所示，在相应位置连接电压表、电流表及功率表。

其中，电动机绕组如图 2-7-11 所示，△形接法。

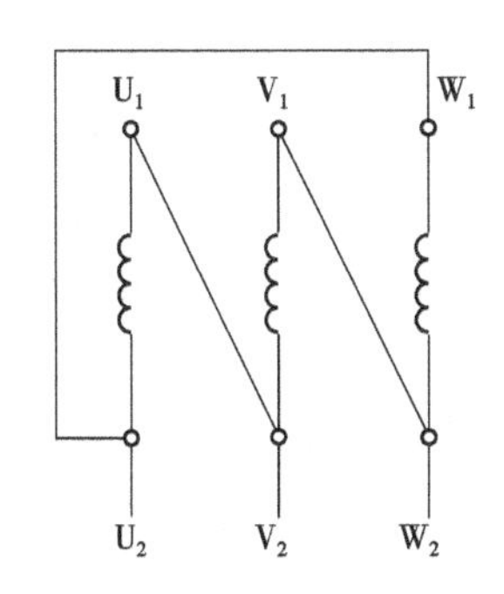

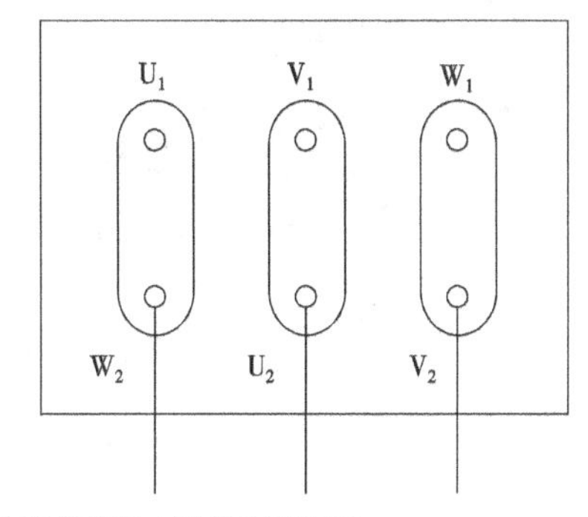

图 2-7-11　三相异步电动机绕组△形接法示意图

安装测量步骤见表 2-7-2。

安 装 测 量 步 骤　　表 2-7-2

步骤	安 装 测 量 过 程	注意事项及要求
1		电机绕组为△接法，U_N =220V

续上表

<table>
<tr><th>步骤</th><th>安装测量过程</th><th>注意事项及要求</th></tr>
<tr><td>2</td><td> 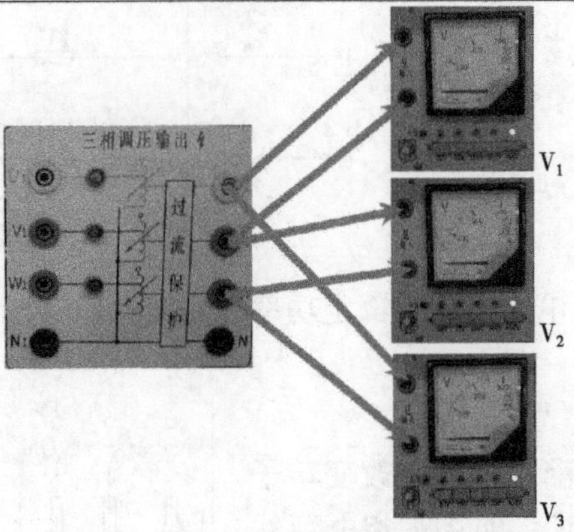三相调压输出 过流保护
V_1 V_2 V_3</td><td>连接电压表,量程 300V</td></tr>
<tr><td>3</td><td>W_1 W_2 A_1 A_2 A_3</td><td>连接电流表、功率表和电动机,电流表量程 1A</td></tr>
<tr><td>4</td><td> 小 大 停止 启动
交流调压器 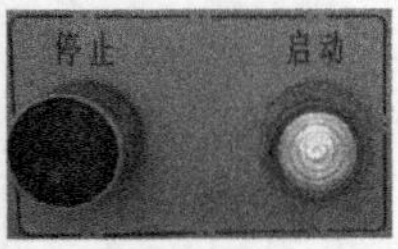　启动按钮</td><td>把交流调压器调至电压最小位置(逆时针旋转),按下实验台上的启动按钮,接通电源,调节控制屏左侧的调压器旋钮,使电压为 220V</td></tr>
<tr><td>5</td><td>
<table>
<tr><td>序号</td><td colspan="4">U(V)</td><td colspan="4">I(A)</td><td colspan="3">P(W)</td><td rowspan="2">$\cos\varphi_0$</td></tr>
<tr><td></td><td>U_{UV}</td><td>U_{VW}</td><td>U_{UW}</td><td>U_{0L}</td><td>I_U</td><td>I_V</td><td>I_W</td><td>I_{0L}</td><td>P_1</td><td>P_2</td><td>P_0</td></tr>
<tr><td>1</td><td></td><td></td><td></td><td></td><td></td><td></td><td></td><td></td><td></td><td></td><td></td><td></td></tr>
<tr><td>2</td><td></td><td></td><td></td><td></td><td></td><td></td><td></td><td></td><td></td><td></td><td></td><td></td></tr>
<tr><td>3</td><td></td><td></td><td></td><td></td><td></td><td></td><td></td><td></td><td></td><td></td><td></td><td></td></tr>
<tr><td>4</td><td></td><td></td><td></td><td></td><td></td><td></td><td></td><td></td><td></td><td></td><td></td><td></td></tr>
<tr><td>5</td><td></td><td></td><td></td><td></td><td></td><td></td><td></td><td></td><td></td><td></td><td></td><td></td></tr>
<tr><td>6</td><td></td><td></td><td></td><td></td><td></td><td></td><td></td><td></td><td></td><td></td><td></td><td></td></tr>
<tr><td>7</td><td></td><td></td><td></td><td></td><td></td><td></td><td></td><td></td><td></td><td></td><td></td><td></td></tr>
</table>
其中:$U_{0L}=\frac{U_{UV}+U_{VW}+U_{UW}}{3}$,$I_{0L}=\frac{I_U+I_V+I_W}{3}$,$P_0=P_1+P_2$,$\cos\varphi_0=\frac{P_0}{\sqrt{3}U_{0L}I_{0L}}$
</td><td>在测取实验数据时,在额定电压附近多测几点,共取 7 组数据记录于表格中</td></tr>
</table>

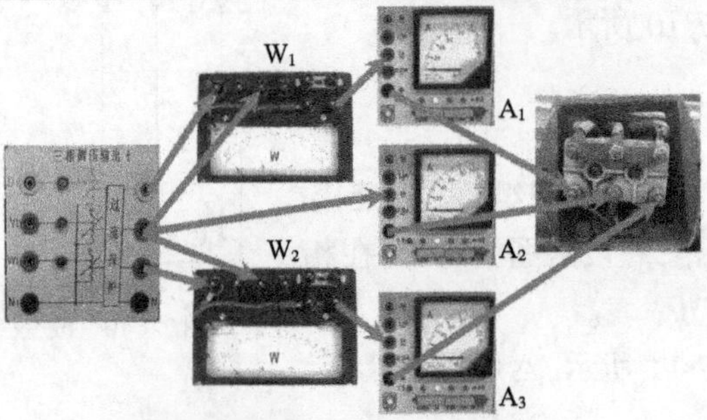

2. 三相异步电动机接入三相电源及绕组的 Y 形连接

根据图 2-7-9 连接实验电路,并按照图中所示,在相应位置连接电压表、电流表及功率表。其中,电动机绕组如图 2-7-12 所示连接,Y 形接法。$U_N=380V$。

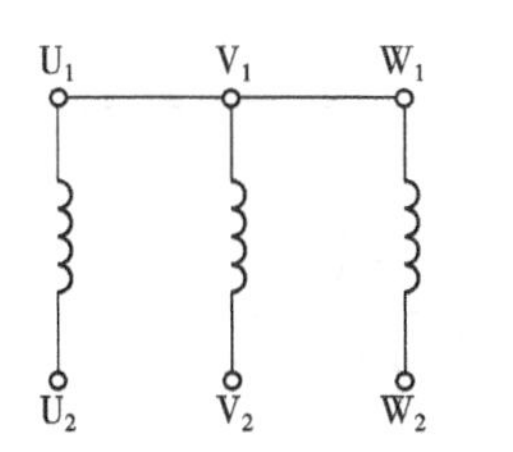

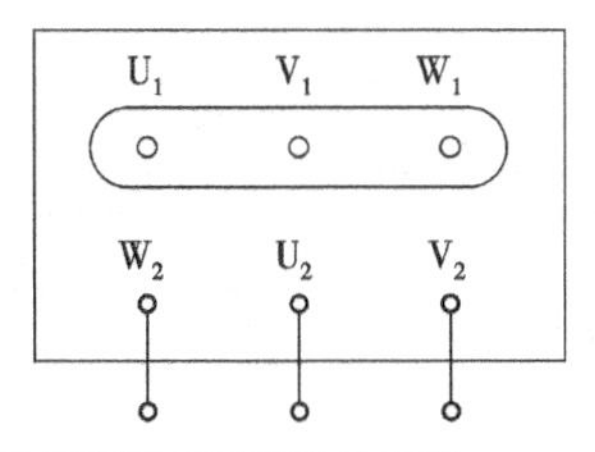

图 2-7-12　三相异步电动机绕组 Y 形接法示意图

安装测量步骤见表 2-7-3。

安装测量步骤　　表 2-7-3

步骤	安装测量过程	注意事项及要求
1		电机绕组为 Y 接法，$U_N = 380V$
2	V1 V2 V3	连接电压表，量程 450V
3	W1 W2 A1 A2 A3	连接电流表、功率表和电动机，电流表量程 1A
4	交流调压器　启动按钮	把交流调压器调至电压最小位置(逆时针旋转)，按下实验台上的启动按钮，接通电源，调节控制屏左侧的调压器旋钮，使电压为 380V

续上表

<table>
<tr><th>步骤</th><th>安装测量过程</th><th>注意事项及要求</th></tr>
<tr><td>5</td><td>
<table>
<tr><td rowspan="2">序号</td><td colspan="4">U(V)</td><td colspan="4">I(A)</td><td colspan="3">P(W)</td><td rowspan="2">$\cos\varphi_0$</td></tr>
<tr><td>U_{UV}</td><td>U_{VW}</td><td>U_{UW}</td><td>U_{0L}</td><td>I_U</td><td>I_V</td><td>I_W</td><td>I_{0L}</td><td>P_1</td><td>P_2</td><td>P_0</td></tr>
<tr><td>1</td><td></td><td></td><td></td><td></td><td></td><td></td><td></td><td></td><td></td><td></td><td></td><td></td></tr>
<tr><td>2</td><td></td><td></td><td></td><td></td><td></td><td></td><td></td><td></td><td></td><td></td><td></td><td></td></tr>
<tr><td>3</td><td></td><td></td><td></td><td></td><td></td><td></td><td></td><td></td><td></td><td></td><td></td><td></td></tr>
<tr><td>4</td><td></td><td></td><td></td><td></td><td></td><td></td><td></td><td></td><td></td><td></td><td></td><td></td></tr>
<tr><td>5</td><td></td><td></td><td></td><td></td><td></td><td></td><td></td><td></td><td></td><td></td><td></td><td></td></tr>
<tr><td>6</td><td></td><td></td><td></td><td></td><td></td><td></td><td></td><td></td><td></td><td></td><td></td><td></td></tr>
<tr><td>7</td><td></td><td></td><td></td><td></td><td></td><td></td><td></td><td></td><td></td><td></td><td></td><td></td></tr>
</table>
其中：$U_{0L}=\frac{U_{UV}+U_{VW}+U_{UW}}{3}$，$I_{0L}=\frac{I_U+I_V+I_W}{3}$，$P_0=P_1+P_2$，$\cos\varphi_0=\frac{P_0}{\sqrt{3}U_{0L}I_{0L}}$
</td><td>在测取实验数据时，在额定电压附近多测几点，共取7组数据记录于表格中</td></tr>
</table>

3. 实验注意事项

(1)本次实验采用三相交流电，应穿绝缘鞋进实验室。线电压380V，实验时要注意人身安全，不可触及导线部件，防止意外事故发生。

(2)每次接线完毕，同组同学应自查一遍，然后由指导老师检查后，方可接通电源，必须严格遵守先接线，后通电；先断电后拆线的实验操作原则。

【任务评价】

项目	内　容	配分	考核要求	扣分标准	得分
工作态度	(1)工作的积极性； (2)安全操作规程的遵守情况； (3)纪律遵守情况和团结协作精神	20	工作过程积极参与，遵守安全操作规程和劳动纪律，有良好的职业道德、敬业精神及团结协作精神	违反安全操作规程扣20分，其余不达要求酌情扣分； 当实训过程中他人有困难能给予热情帮助则加5～10分	
理论知识	掌握三相异步电动机作星形连接和三角形连接的区别	25	理解三相异步电动机作星形连接和三角形连接时，线、相电流之间的关系；画出三相异步电动机绕组星形和三角形连接示意图	(1)不能正确画出三相异步电动机绕组星形和三角形连接示意图，扣10分； (2)不能正确列出星形连接和三角形连接时，线、相电流之间的关系，扣15分	
接线测量	(1)正确使用仪器仪表； (2)连接三相电路并按要求测量数据； (3)正确测试电压、电流等相关数据	35	正确、安全使用测试仪表；能够准确连接三相电路并通电；正确测量要求的电压、电流等数据，书写正确	(1)不能正确、安全使用仪器仪表，每个项目扣5分； (2)不能准确连接三相电路(Y形和△形)，每项扣10分； (3)不能正确使用仪表测试电流、电压等相关数据，扣10分	

续上表

项目	内　　容	配分	考 核 要 求	扣 分 标 准	得分
工作报告	(1)工作报告内容完整; (2)工作报告卷面整洁	20	工作报告内容完整,数据准确; 工作报告卷面整洁	工作任务报告内容欠完整,酌情扣分; 工作报告卷面欠整洁,酌情扣分	
合计		100			

注:各项配分扣完为止。

思考与练习题

1. 三相交流电是由三个__________相同、__________相等、__________互差 120°角的三相电源组合而成。

2. 简述对称三相正弦电压的特点。

3. 三相负载可接成__________形或__________形。

4. 低压配电线路由__________、__________和__________组成。

5. 由发电厂、变配电所、输配电电路和电能用户组成的整体称为电力系统。(　　)

6. 电力系统起着电能产生、电压变换、电能分配与输送及电能使用的作用。(　　)

7. 三相交流电是由三个频率相同、幅值相等、相位互差 180°角的三相电源组合而成。(　　)

8. 三相交流电,就是指对称的三相交流电,而且规定每个相电动势的正方向是从线圈始端指向末端,即电流从末端流出时为正,反之为负。(　　)

9. 我国规定,民用供电线路相线之间的电压(即线电压)为 220V,相线和地线或中性线之间的电压(即相电压)均为 380V。(　　)

10. 为了改善和提高三相五线制中低压电网的安全用电状况,消除不安全因素,380V/220V 供电系统应推广使用三相四线制。(　　)

11. 不对称三相负载作 Y 连接时,必须采用三相四线制接法。(　　)

12. 转子的方向与旋转磁场方向一致,因此欲改变转子的转动方向,需改变三相电流的相序。即将三相电源线的任意两根对调。(　　)

13. 为了合理分配电能,有效管理线路,提高线路可靠性,一般采用(　　)的方式。

A. 分级供电　　B. 分别供电

C. 分时供电　　D. 分压供电

14. 对称三相正弦电压的特点描述不正确的是(　　)。

A. 它们的瞬时值或相量之和恒为零

B. 对称三相正弦电压的频率相同,幅值相等

C. 对称三相正弦电压相位不同,互差 120°

D. 对称三相正弦电压相位相同

15. 为了改善和提高三相四线制中低压电网的安全用电状况,消除不安全因素,380V/

220V 供电系统应推广使用(　　)。

A. 三相三线制　　B. 三相五线制

C. 三相六线制　　D. 三相七线制

16. 三相负载可接成星形(又称“Y”接)或三角形(又称“△”接),当三相对称负载作 Y 形连接时。线电压 U_1 是相电压 U_p 的(　　)倍。

A. $\frac{\sqrt{3}}{3}$　　B. $\sqrt{3}$　　C. $3\sqrt{3}$　　D. 3

17. 用实验测得的数据验证对称三相电路中的$\sqrt{3}$关系。

任务八　谐振电路

【任务目标】

1. 明确谐振的定义概念;
2. 了解串联谐振、并联谐振电路中的基本参数;
3. 了解串联谐振、并联谐振电路的频率特性;
4. 熟悉串联谐振、并联谐振电路的通频带。

【任务分析】

在前面几个任务中我们学习了正弦交流电路和 *RL*、*RC* 和 *RLC* 串联电路。理解 *RL*、*RC* 和 *RLC* 串联电路的基本知识是分析谐振电路的基础,完成本任务对分析谐振电路极为重要。只选择某个频率的信号进行处理,而其他频率信号被滤除的任务,如(收音机和电视机等)。最常用的具有选频功能的电路是谐振电路,因此说谐振电路的作用就是选频。

【知识导航】

一、谐振

1. 谐振定义

谐振是正弦电路在特定条件下所产生的一种特殊物理现象,具体来说是指电容和电感元件的线性无源二端网络对某一频率的正弦激励(达到稳态时)所表现的端口电压与电流同相的现象。

2. 谐振电路的分类

串联谐振电路和并联谐振电路。

二、RLC串联谐振电路

1. 串联谐振的条件

串联谐振电路由电感线圈和电容器串联组成，其电路模型如图2-8-1所示，其中，R 和 L 分别为线圈的电阻和电感，C 为电容器的电容。在角频率为 ω 的正弦电压作用下，该电路的复阻抗为：

$$
\begin{aligned}
Z &= R + j\left(\omega L - \frac{1}{\omega C}\right) \\
&= R + j(X_L - X_C) \\
&= R + jX = |Z| < \Psi_Z \\
&= \sqrt{R^2 + X^2}\arctan\frac{X}{R}
\end{aligned}
$$

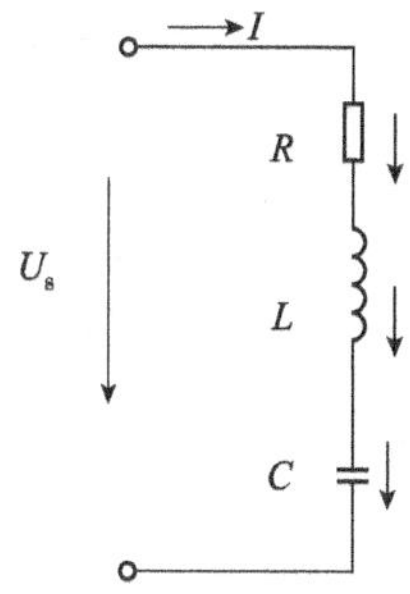

式中，感抗 $X_L = \omega L$，容抗 $X_C = \frac{1}{\omega C}$，电抗 $X = X_L - X_C$、阻抗角 $\Psi_Z = \arctan\frac{X}{R}$ 均为电源角频率 ω 的函数。那么谐振时 U_s 和 I 同相，即 $\Psi = 0$，所以电路谐振时应满足，$X = 0$，$X_L = X_C$，$\omega L = \frac{1}{\omega C}$。

图2-8-1　串联谐振电路

2. 串联谐振的频率、电路的固有频率

设电源角频率 $\omega = \omega_0$（或 $f = f_0$）时，电路发生串联谐振，由上面式子 $\omega L = \frac{1}{\omega C}$ 可得：

$\omega_0 = \frac{1}{\sqrt{LC}}$ 或 $f_0 = \frac{1}{2\pi\sqrt{LC}}$ 式子说明，R、L、C 串联电路谐振时 ω_0（或 f_0）仅取决于电路参数 L 和 C，当 L、C 一定时，ω_0（或 f_0）也随之而定，故称 ω_0（或 f_0）为电路的固有频率。

对于给定的 R、L、C 串联电路，当电源角频率等于电路的固有频率时，电路发生谐振。若电源频率 ω 一定，要使电路谐振，可以通过改变电路参数 L 或 C，以改变电路的固有频率 ω_0 使 $\omega = \omega_0$ 时电路谐振。调节 L 或 C 使电路发生谐振的过程称为调谐。

由谐振条件可知，调节 L 或 C 使电路谐振，电感元件与电容元件的关系为：

$$L = L_0 = \frac{1}{\omega_0^2 C}$$

$$C = C_0 = \frac{1}{\omega_0^2 L}$$

3. 串联谐振的特征

1）串联谐振时的阻抗

串联谐振时电路的电抗 $X = 0$，因而电路的复阻抗 $Z = Z_0 = R + jX = R$ 因此，串联谐振时，阻抗最小且为纯电阻，而感抗和容抗分别为：

$$X_{L0} = \omega_0 L = \frac{1}{\sqrt{LC}}L = \sqrt{\frac{L}{C}} = \rho$$

$$X_{C0} = \frac{1}{\omega_0 C} = \sqrt{LC}\frac{1}{C} = \sqrt{\frac{L}{C}} = \rho$$

$$\omega_0 L = \frac{1}{\omega_0 C} = \sqrt{\frac{L}{C}} = \rho$$

式中,ρ 称为电路的特性阻抗,单位为欧姆(Ω),ρ 的大小仅取决于 L 和 C。上式说明谐振时感抗和容抗相等,并且等于电路的特性阻抗 ρ。

2)谐振时的电流

串联电路谐振时,电路的复阻抗为纯电阻 $Z_0 = R$,若设端口正弦电压为 U'_S则电路中的电流 $I'_0 = \frac{U_S'}{Z_0} = \frac{U_S'}{R}$与端口电压同相,其大小关系为 $I_0 = \frac{U_S}{R}$此时,电流 I_0最大。

3)串联谐振时的电压、电路的品质因数

(1)电阻上的电压 $U'_{R0} = RI'_0 = R\frac{U'_S}{R} = U'_S$可见,串联谐振时电阻上的电压等于端口电压(即电源电压)。

(2)电感、电容的电压:

$$U'_{L0} = X_{L0}I'_0 = \omega_0 L\frac{U'_S}{R} = QU'_S \qquad U'_{C0} = X_{C0}I'_0 = \frac{1}{\omega_0 C}\frac{U'_S}{R} = QU'_S$$

须注意,谐振时,L、C 上电压相等,相位相反,合成电压为零,但 L、C 上电压不为零,甚至可能很大

上式 Q 为品质因数:

$$Q = \frac{U_L}{U_R} = \frac{U_C}{U_R} = \frac{\omega_0 LI}{RI} = \frac{\omega_0 L}{R} = \frac{\rho}{R} = \frac{\sqrt{L/C}}{R}$$

Q 的物理意义:谐振时电感(或电容上)电压与电阻上电压之比。常说电路 Q 值很大,即指品质因数很高。对于电力电路,Q 大是不利的,Q 愈大,$L(C)$上电压愈高,容易击穿。所以设计时,电容耐压需要很高。但对于电子线路的选频网络,则要求 Q 值高一些。

【例 2-8-1】 某收音机 $L = 0.3\text{mH}$,$R = 10\ \Omega$,为收到中央电台 560kHz 信号,求(1)调谐电容 C 值;(2)如输入电压为 $1.5\mu\text{V}$,求谐振电流和此时的电容电压。

解:(1)

$$C = \frac{1}{(2\pi f)^2 L} = 269\text{pF}$$

(2)

$$I_0 = \frac{U}{R} = \frac{1.5}{10}\mu\text{A} = 0.15\mu\text{A}$$

$$U_C = I_0 X_C = 158.5\mu\text{V} \text{ 或 } U_C = QU = \frac{\omega_0 L}{R}U$$

4)谐振时的功率

(1)有功功率:

$$P = UI\cos\varphi = UI$$

电源向电路输送电阻消耗的功率,电阻功率达最大。

(2)无功功率:

$$Q = UI\sin\varphi = Q_L + Q_C = 0$$

$$Q_L = \omega_0 LI_0^2, Q_C = -\frac{1}{\omega_0 C}I_0^2 = -\omega_0 LI_0^2$$

注意：电源不向电路输送无功功率。电感中的无功功率与电容中的无功功率大小相等，互相补偿，彼此进行能量交换。

4. 串联谐振电路的频率特性

在 *RLC* 串联电路中，当外加电源电压的频率发生变化时，电路中的电流、电压、阻抗、导纳等都将随频率的变化而变化，这种随频率的变化关系称为频率特性，其中电流、电压与频率的关系曲线称为谐振曲线。

1）阻抗和导纳的频率特性

当电源频率变化时，串联谐振电路的复阻抗 Z 随频率变化，其中复阻抗的模值随频率的变化称为幅频特性，如图 2-8-2 所示，阻抗角随频率的变化称为相频特性，如图 2-8-3 所示。

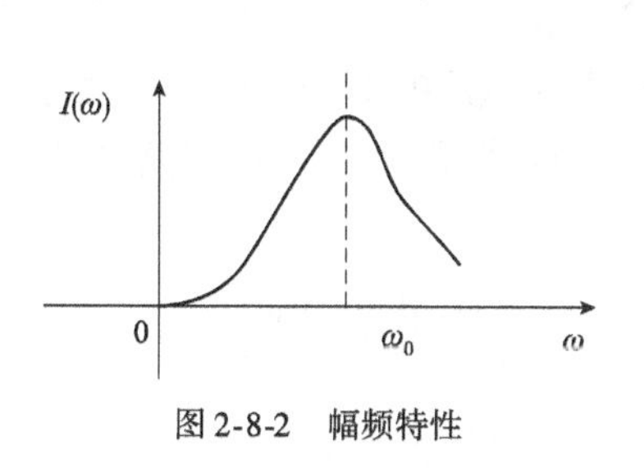

图 2-8-2　幅频特性

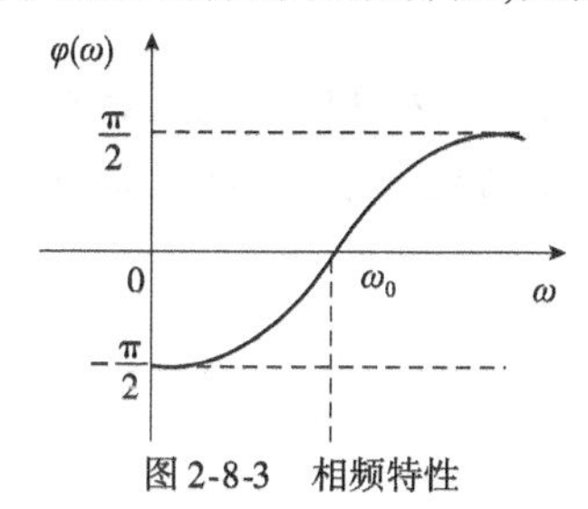

图 2-8-3　相频特性

（1）幅频特性：　$I(\omega)=\dfrac{U}{\sqrt{R^2+\left(\omega L-\dfrac{1}{\omega C}\right)^2}}$

（2）相频特性：　$\varphi(\omega)=\arctan\dfrac{\omega L-\dfrac{1}{\omega C}}{R}$

2）电流的谐振曲线

在串联电路中，电路电流为：$I'=\dfrac{U'_S}{Z}$

其模值为：$I=\dfrac{U_S}{\sqrt{R^2+\left(\omega L-\dfrac{1}{\omega C}\right)^2}}=\dfrac{U_S}{|Z|}$

由上式可知，由于 $|Z|$ 随 ω 变化，所以 I 也随 ω 变化，电流的谐振曲线如图 2-8-4 所示。由图可知，在 $\omega=\omega_0$ 时，回路中的电流最大，若 ω 偏离 ω_0，电流将减小，即远离 ω_0 的频率，回路产生的电流很小。这说明串联谐振电路具有选择所需频率信号的能力，即可通过调谐选出 ω_0 附近的信号，同时对远离 ω_0 点的信号给予抑制。所以在实际电路中常作为选频电路。

当外加电压 U_S，电路参数 L、C 均不变，以 ω/ω_0（或 f/f_0）为横坐标。I/I_0 为纵坐标，绘出不同 Q 值时的回路电流的谐振曲线如图 2-8-3 所示，从曲线可以看出：Q 值越大，谐振曲线越尖锐，回路的选择性越好；相反地，若 Q 值越小，曲线越平坦，回路的选择性越差。Q 越大，当 ω 和 L 一定，谐振电阻 R 越小，U_S 一定，电阻 R 越小那电流就越大，即选择性越好。

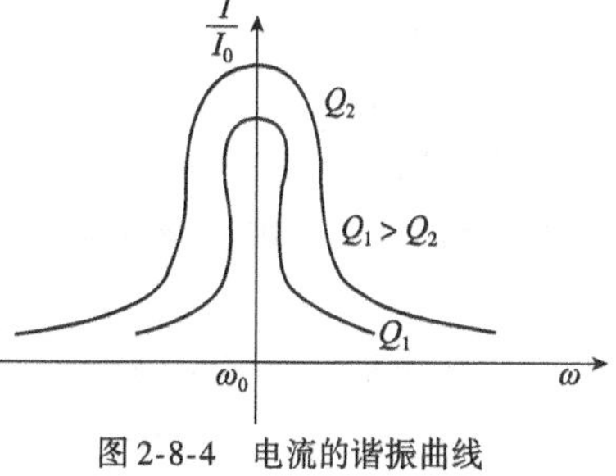

图 2-8-4　电流的谐振曲线

3)任意频率下的电流与谐振电流的关系

由 RLC 串联电路可得:

$$I=\frac{U_S}{\sqrt{R^2+\left(\omega L-\frac{1}{\omega C}\right)^2}}=\frac{U_S}{R\sqrt{1+\left[\frac{\omega_0 L}{R}\left(\frac{\omega}{\omega_0}-\frac{\omega_0}{\omega}\right)\right]^2}}=\frac{I_0}{\sqrt{1+Q^2\left(\frac{\omega}{\omega_0}-\frac{\omega_0}{\omega}\right)^2}}$$

即

$$\frac{I}{I_0}=\frac{1}{\sqrt{1+Q^2\left(\frac{\omega}{\omega_0}-\frac{\omega_0}{\omega}\right)^2}}$$

在实际应用中,回路 Q 值一般满足 $Q\geqslant 1$,因此电流的谐振曲线较尖锐,当信号频率 ω 远离 ω_0时,回路电流已经很小,即远离 ω_0的信号对电路的影响可以忽略,此时只考虑 ω 接近 ω_0的情况,有下:

$$\begin{aligned}\frac{\omega}{\omega_0}-\frac{\omega_0}{\omega}&=\frac{\omega^2-\omega_0{}^2}{\omega_0\omega}=\left(\frac{\omega+\omega_0}{\omega}\right)\left(\frac{\omega-\omega_0}{\omega}\right)\\&\approx\frac{2\omega}{\omega}\cdot\frac{\omega-\omega_0}{\omega}=2\,\frac{\omega-\omega_0}{\omega}=2\,\frac{\Delta\omega}{\omega}=2\,\frac{\Delta f}{f_0}\end{aligned}$$

那上式可以化简为:

$$\frac{I}{I_0}=\frac{1}{\sqrt{1+Q^2\left(\frac{\omega}{\omega_0}-\frac{\omega_0}{\omega}\right)^2}}=\frac{1}{\sqrt{1+\left(Q\,\frac{2\Delta f}{f_0}\right)^2}}$$

式中,$\Delta f=f-f_0$是频率离开谐振点的绝对值,称为绝对失调,$\frac{\Delta f}{f_0}$称为相对失调。

5. 串联谐振电路的通频带

1)幅频失真和通频带

实际信号一般都含有多种频率成分而占有一定的频率范围,或者说占有一定的频带宽度。如无线电调幅广播电台的频带宽度为9kHz,调频广播电台信号的频带宽度200kHz。

当实际信号电压作用于串联谐振电路时,由于电路的选频作用,电路中的电流和各元件的电压不可能保持实际信号中各频率成分振幅之间的原有比例,其中偏离谐振频率的成分会受到不同程度的抑制相对削弱,这种情况称为幅频失真。

为了限制信号的幅频失真,就要求电路对信号所包含的各种频率成分都不要过分抑制,或者说要求电路容许一定频率范围的信号通过,这个一定的频率范围称为电路的通频带。一般规定:在电路的电流谐振曲线上,I/I_0不小于$1/\sqrt{2}(0.707)$的频率范围为电路的通频带,用 BW 表示。

如图 2-8-5 所示 f_2-f_1之间的频率即为某电路的通频带,其中 f_2和 f_1分别为通频带的上边界频率和下边界频率。只要选择电路的通频带大于或等于信号的频带,使信号的频带落在电路的上、下边界频率之间。那么电路的选频作用引起的频幅失真是允许的。即

$$BW=f_2-f_1=(f_2-f_0)+(f_2-f_0)=\Delta f+\Delta f=2\Delta f$$

2)通频带与品质因数的关系

由通频带的定义可知,在通频带的边界频率上,有

$$\frac{I}{I_0}=\frac{1}{\sqrt{2}}$$

当 $Q \geqslant 1$ 时

$$\frac{I}{I_0}=\frac{1}{\sqrt{1+\left(Q\frac{2\Delta f}{f_0}\right)^2}}=\frac{1}{\sqrt{2}}$$

则

$$Q\frac{2f}{f_0}=1$$

可得

$$BW=2\Delta f=\frac{f_0}{Q}$$

上式表明，串联谐振电路的通频带 BW 与电路的品质因数 Q 成反比，Q 值越大，谐振曲线越尖锐，通频带越窄，回路的选择性越好；相反，Q 值越小，通频带越宽，回路的选择性就差。所以在实际应用中，应根据需要适当选择 BW 和 Q 的取值。

三、LC 并联谐振电路

并联谐振电路由电感线圈和电容器并联组成。如图 2-8-6 所示为并联谐振电路的模型，其中 R 和 L 分别为电感线圈的电阻和电感，C 为电容器的电容。

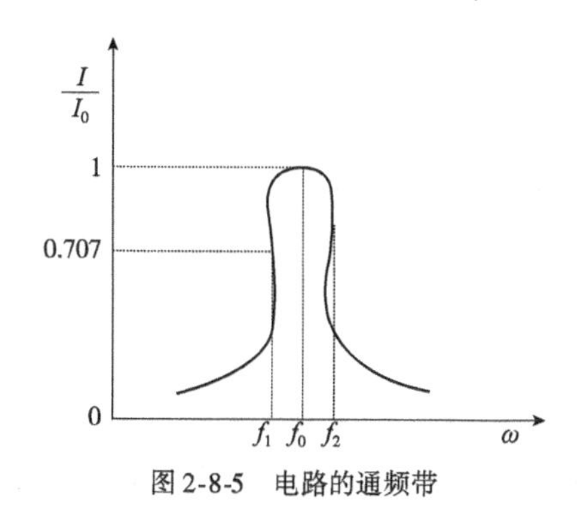

图 2-8-5　电路的通频带

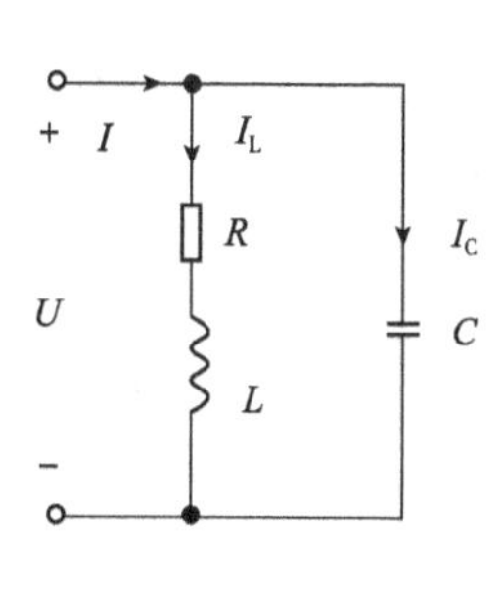

图 2-8-6　并联谐振电路

1. 并联谐振的条件

并联谐振时，端口电压与电流同相，此时电路表现为纯阻性，则并联谐振的条件为：

$$\omega C-\frac{\omega L}{R^2+(\omega L)^2}=0$$

即：

$$\omega C=\frac{\omega L}{R^2+(\omega L)^2}$$

在实际电路中，由于均满足 Q 远大于 1 的条件即 $\omega_0 L$ 远大于 R，上式可化简为：

$\omega_0 L \approx \frac{1}{\omega_0 C}$，所以 Q 远大于 1 时，并联谐振电路发生谐振时的角频率和频率分别为：

$$\omega_0=\frac{1}{\sqrt{LC}},\ f_0=\frac{1}{2\pi\ \sqrt{LC}}$$

调节L、C的参数值,或该变电源频率,均可发生谐振。

2. 并联谐振的特征

1)谐振阻抗

并联谐振时,回路阻抗为纯电阻,端口电压与总电流同相,在Q远大于1时,电路阻抗为最大值,电路导纳为最小值。谐振阻抗的模$|Z_0|$为:

$$|Z_0|=\frac{1}{|Y|}=\frac{1}{G}=\frac{R^2+(\omega L)^2}{R}\approx\frac{(\omega L)^2}{R}=Q\omega_0L=Q\rho=\frac{L}{CR}=Q^2R=\frac{\rho^2}{R}$$

在电子技术中,因为Q远大于1,所以并联谐振电路的谐振阻抗很大,一般在几十千欧姆至几百千欧姆。

2)并联谐振时电路的端电压

若并联谐振电路外接电流源,则谐振时电路的端口电压为:

$$U'=I_S{}'Z_0=\frac{L}{CR}I_S{}'$$

由于谐振时电路的阻抗接近最大值,因而在电流源激励下电路两端的电压最大。

3)并联谐振时电路的电流

在图2-8-6所示电路中,设谐振时回路的端电压为U'_0,则:

$$U'_0=I_0{}'Z_0=I_0{}'Q\omega_0L\approx I_0{}'Q\frac{1}{\omega_0C}$$

电感和电容支路的电流分别为:

$$I_{C0}{}'=\frac{U'_0}{\frac{1}{j\omega_0C}}=j\omega_0CU'_0=jQI_0{}'$$

$$I_{L0}{}'=\frac{U'_0}{R+j\omega_0L}\approx\frac{U'_0}{j\omega_0L}=I_0{}'Q\omega_0L\left(-j\frac{1}{\omega_0L}\right)=-jQI_0{}'$$

上式表明,并联谐振时,在Q远大于1的条件下,电容支路电流和电感支路电流的大小近似相等,是总电流I_0的Q倍,所以并联谐振又称为电流谐振,而它们的相位接近相反,其电压和电流的相量图如图2-8-7所示。

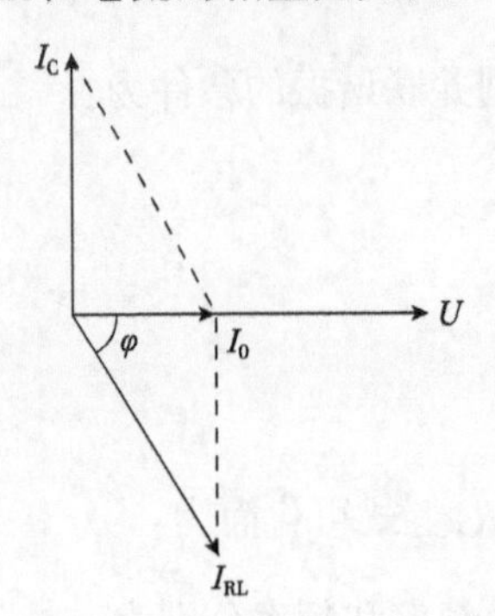

图2-8-7　电压和电流的相量图

【例2-8-2】　已知:$L=0.25\text{mH}$、$R=25\Omega$、$C=85\text{pF}$,试求ω_0、Q。

解:

$$\omega_0=\frac{1}{\sqrt{LC}}=\frac{1}{\sqrt{0.25\times85\times10^{-15}}}=0.86\times10^6\text{rad/s}$$

$$Q=\frac{\omega_0L}{R}=\frac{6.86\times10^6\times0.25\times10^{-3}}{25}=68.6$$

3. 并联谐振电路的电压频率特性曲线

电压的频率特性曲线包括幅频特性曲线和相频特性曲线

并联谐振电路如图 2-8-8 所示，信号源用电流源表示，假设内阻 R_S 为无穷大。在 Q 远大于 1 的条件下，电路在某一频率 f 下的回路端电压 U' 和谐振时的端电压 U'_0 分别为：

$$U' = I_S'Z = I_S'\frac{\frac{L}{CR}}{1 + jQ\left(\frac{\omega}{\omega_0} - \frac{\omega_0}{\omega}\right)}$$

$$U'_0 = I_S'Z_0 = I_S'\frac{L}{CR}$$

它们的有效值之比为：

$$\frac{U}{U_0} = \frac{1}{\sqrt{1 + Q^2\left(\frac{\omega}{\omega_0} - \frac{\omega_0}{\omega}\right)^2}} \approx \frac{1}{\sqrt{1 + \left(Q\frac{2f}{f_0}\right)^2}}$$

$$\Psi = -\arctan Q\left(\frac{\omega}{\omega_0} - \frac{\omega_0}{\omega}\right)$$

上式分别为并联谐振回路的电压幅频特性曲线方程和相频特性曲线方程，电压的幅频特性曲线如图 2-8-9 所示。

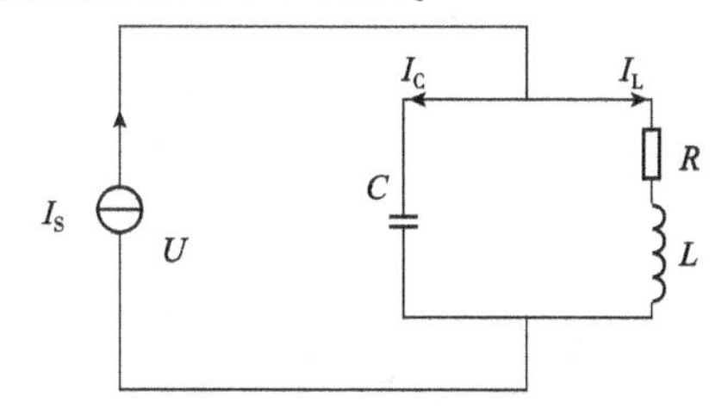

图 2-8-8　并联谐振电路

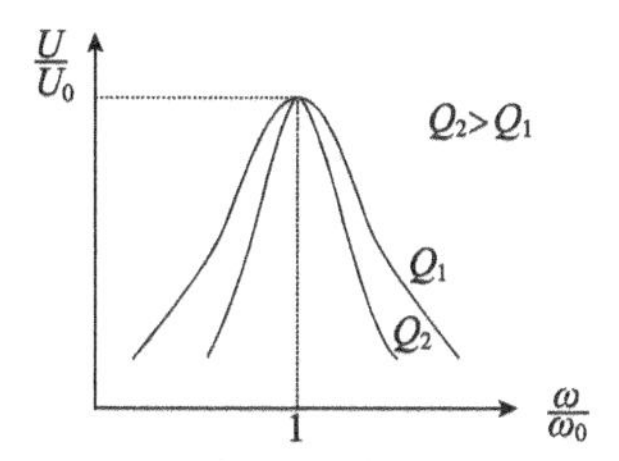

图 2-8-9　电压的幅频特性曲线

并联谐振电路的电压幅频特性曲线与串联谐振电路的电流谐振曲线具有相同的形状，说明 Q 值越大，曲线越尖锐，选择性越好。

4. 并联谐振电路的通频带

并联谐振电路的通频带的定义和串联谐振电路相同，一般规定：在电路的电压谐振曲线上 $U > U_0/\sqrt{2}$ 的范围称为该回路的通频带，用 BW 表示。在 $\frac{U}{U_0} \approx 1/\sqrt{1 + \left(Q\frac{2\Delta f}{f_0}\right)^2}$ 中，令 $\frac{U}{U_0} = 1/\sqrt{2}$，可得并联谐振回路的通频带为：$BW = f_2 - f_1 = 2\Delta f = \frac{f_0}{Q}$，因此，并联谐振电路同样存在通频带与选择性之间的矛盾，应根据需要选择参数。例如电视机在接受某频道射频信号时，其接收信号部分即要有较宽的通频带（8MHz），又要选择性好（抑制相邻频道信号）。

5. 电源内阻对通频带的影响

若考虑电源（信号源）内阻的影响，如图 2-8-10 所示，电源内阻 R_S 对并联谐振电路具有分流左右，当 R_S 和 R_L 很小时，分流较大，则流到并联谐振回路的电流很小，使得并联谐振回路的端电压随回路的阻抗变化很小，因而导致电压谐振曲线变得较平坦，Q 值降低，且 R_S 和 R_L 越小，曲线越平坦，通频带越宽，选择性越差。在理想情况下，R_S 和 R_L 很大，对并联谐振电路的影响很小，可以忽略不计。

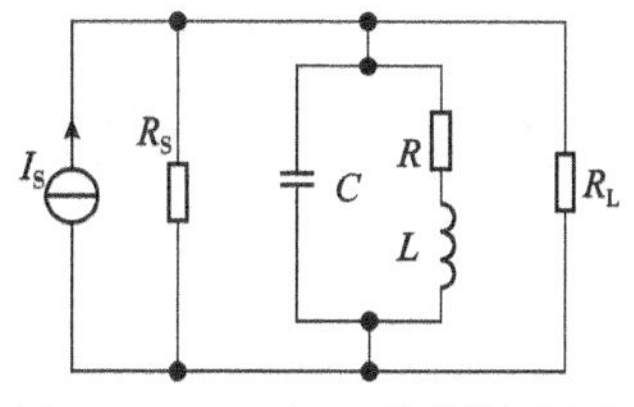

图 2-8-10　R_S 和 R_L 并联谐振回路

【任务实施】

实验串联谐振电路

一、仪表、器材

1. 所用仪表(表2-8-1)

所 用 仪 表　　表2-8-1

序号	名　称	实 物 图
1	信号发生器	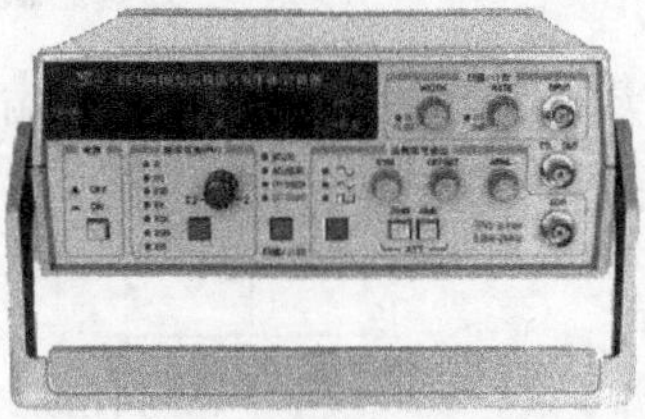
2	示波器	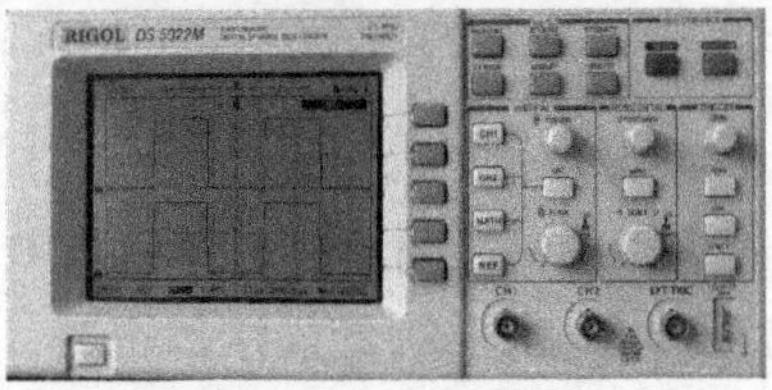
3	交流毫伏表	

2. 所用器材

电阻、电容、电感、导线若干。

二、任务实施步骤及要求

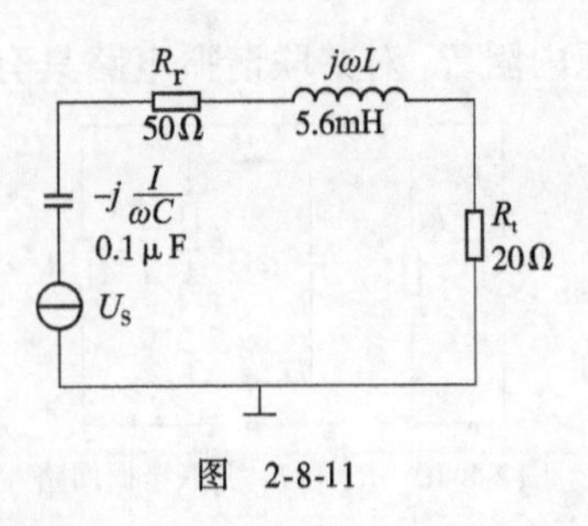

图 2-8-11

如图2-8-11所示，并联谐振电路由导线、直流电源、电阻、电容、电感等组成。

任务实施步骤见表2-8-2。

任 务 实 施 步 骤　　表 2-8-2

<table>
<tr><th>步骤</th><th>实 施 过 程</th><th>注意事项及要求</th></tr>
<tr><td>1</td><td>按照图 2-8-11 进行电路连接,并计算谐振频率,将低频信号发生器的工作频率调至这一频率附近,将信号发生器的输出电压调至 1V

a)毫伏表测量电路

b)示波器测量电路</td><td>注意电源的正负接线柱。保持 $V_S=1V$,所有仪表必须共地线</td></tr>
<tr><td>2</td><td>保持信号发生器的输出电压不变,调节信号发生器的输出频率,使电阻端电压 U_R 最大,此时电路处于谐振状态,记下此时的频率,即为谐振频率 f_0,同时测量 U_R、U_L 和 U_C,记入表中

<table>
<tr><td rowspan="2">项目
数值
频率</td><td colspan="3">$R=10(\Omega)$</td><td colspan="2">$R=30(\Omega)$</td><td rowspan="2">电路性质</td></tr>
<tr><td>U_R (mV)</td><td>U_L (V)</td><td>U_C (V)</td><td>$I=\frac{U_R}{R}$ (mA)</td><td>U_R (mV)</td></tr>
<tr><td></td><td></td><td></td><td></td><td></td><td></td><td></td></tr>
<tr><td></td><td></td><td></td><td></td><td></td><td></td><td></td></tr>
<tr><td></td><td></td><td></td><td></td><td></td><td></td><td></td></tr>
<tr><td></td><td></td><td></td><td></td><td></td><td></td><td></td></tr>
<tr><td></td><td></td><td></td><td></td><td></td><td></td><td></td></tr>
<tr><td>$f_0=$</td><td></td><td></td><td></td><td></td><td></td><td></td></tr>
<tr><td></td><td></td><td></td><td></td><td></td><td></td><td></td></tr>
<tr><td></td><td></td><td></td><td></td><td></td><td></td><td></td></tr>
<tr><td></td><td></td><td></td><td></td><td></td><td></td><td></td></tr>
<tr><td></td><td></td><td></td><td></td><td></td><td></td><td></td></tr>
<tr><td></td><td></td><td></td><td></td><td></td><td></td><td></td></tr>
</table></td><td>RLC 元件串联在正弦交流电路中,当感抗 X_L 与容抗 X_C 相等时,阻抗角 $\varphi=0$,总阻抗 Z 等于电路中电阻的阻值,电路中电流与电压同相,电路处于谐振状态,谐振频率为 $f_0=\frac{1}{2\pi\sqrt{LC}}$</td></tr>
</table>

续上表

<table>
<tr><th>步骤</th><th>实 施 过 程</th><th>注意事项及要求</th></tr>
<tr><td>3</td><td>在保持电路输入电压及电路元件参数不变的情况下，以 f_0 为中心，增加和降低频率，分别测量 U_R、U_L 和 U_C，记入表中
<table>
<tr><td rowspan="2">项目
数值
频率</td><td colspan="3">$R=10(\Omega)$</td><td colspan="2">$R=30(\Omega)$</td><td rowspan="2">电路性质</td></tr>
<tr><td>U_R (mV)</td><td>U_L (V)</td><td>U_C (V)</td><td>$I=\frac{U_R}{R}$ (mA)</td><td>U_R (mV)</td></tr>
<tr><td></td><td></td><td></td><td></td><td></td><td></td><td rowspan="11"></td></tr>
<tr><td></td><td></td><td></td><td></td><td></td><td></td></tr>
<tr><td></td><td></td><td></td><td></td><td></td><td></td></tr>
<tr><td></td><td></td><td></td><td></td><td></td><td></td></tr>
<tr><td></td><td></td><td></td><td></td><td></td><td></td></tr>
<tr><td>$f_0=$</td><td></td><td></td><td></td><td></td><td></td></tr>
<tr><td></td><td></td><td></td><td></td><td></td><td></td></tr>
<tr><td></td><td></td><td></td><td></td><td></td><td></td></tr>
<tr><td></td><td></td><td></td><td></td><td></td><td></td></tr>
<tr><td></td><td></td><td></td><td></td><td></td><td></td></tr>
<tr><td></td><td></td><td></td><td></td><td></td><td></td></tr>
</table>
</td><td>—</td></tr>
<tr><td>4</td><td>计算 0.707 倍的 U_{Rmax}。保持信号发生器输出电压仍为 1V，调整频率，使电阻端电压等于 $0.707U_{Rmax}$，找出上、下截止频率 f_H 和 f_L，将有关数据记入表中
<table>
<tr><td>电压
频率</td><td>U_{Lmax}(V)</td><td>U_{Cmax}(V)</td><td>$\frac{1}{\sqrt{2}}U_{Rmax}$(V)</td></tr>
<tr><td>$f_{Lmax}=$′ Hz</td><td></td><td></td><td></td></tr>
<tr><td>$f_{Cmax}=$ Hz</td><td></td><td></td><td></td></tr>
<tr><td>$f_1=$ Hz</td><td></td><td></td><td></td></tr>
<tr><td>$f_2=$ Hz</td><td></td><td></td><td></td></tr>
</table>
</td><td>串联谐振电路的通频带为谐振曲线上对应 0.707 倍电流最大值之间的频率范围</td></tr>
<tr><td>5</td><td>改变 C(或 L)的数值，重复测量 f_0。观察电路元件数值的改变，对电路谐振频率的影响，记入表中
<table>
<tr><td>f_0
$C(L)$</td><td>计算值(Hz)</td><td>测量值(Hz)</td></tr>
<tr><td></td><td></td><td></td></tr>
<tr><td></td><td></td><td></td></tr>
<tr><td></td><td></td><td></td></tr>
</table>
</td><td>—</td></tr>
</table>

续上表

<table>
<tr><th>步骤</th><th>实 施 过 程</th><th>注意事项及要求</th></tr>
<tr><td>6</td><td>改变电阻 R 的数值,即在不同 Q 值的情况下,改变信号发生器的频率,通过测量 U_R 的数值计算电流,记入表中
<table>
<tr><td rowspan="4">R_1 =　　Ω
Q_1 =</td><td>f(Hz)</td><td></td><td></td><td></td><td></td><td></td><td></td><td></td><td></td><td></td></tr>
<tr><td>I(mA)</td><td></td><td></td><td></td><td></td><td></td><td></td><td></td><td></td><td></td></tr>
<tr><td>f/f_0</td><td></td><td></td><td></td><td></td><td></td><td></td><td></td><td></td><td></td></tr>
<tr><td>I/I_0</td><td></td><td></td><td></td><td></td><td></td><td></td><td></td><td></td><td></td></tr>
<tr><td rowspan="4">R_2 =　　Ω
Q_2 =</td><td>f(Hz)</td><td></td><td></td><td></td><td></td><td></td><td></td><td></td><td></td><td></td></tr>
<tr><td>I(mA)</td><td></td><td></td><td></td><td></td><td></td><td></td><td></td><td></td><td></td></tr>
<tr><td>f/f_0</td><td></td><td></td><td></td><td></td><td></td><td></td><td></td><td></td><td></td></tr>
<tr><td>I/I_0</td><td></td><td></td><td></td><td></td><td></td><td></td><td></td><td></td><td></td></tr>
</table></td><td>谐振时,电阻端电压最大,且等于电路的输入电压。电感与电容的端电压大小相等,且为电路输入电压的 Q 倍。可以近似认为电感与电容的端电压的最大值出现在谐振频率点处;
品质因数值对谐振曲线有很大的影响,Q 值越大,曲线越尖锐;反之,Q 值越小,曲线越平坦</td></tr>
</table>

【任务评价】

项目	内　　容	配分	考 核 要 求	扣 分 标 准	自评分	教师评分
工作态度	(1)工作的积极性; (2)安全操作规程的遵守情况; (3)纪律遵守情况和团结协作精神	15	工作过程积极参与,遵守安全操作规程和劳动纪律,有良好的职业道德、敬业精神及团结协作精神	违反安全操作规程扣15分,其余不达要求酌情扣分; 当实训过程中他人有困难能给予热情帮助则加5~10分		
连接电路	根据工作任务要求,选用合适的元器件、仪表,操作仪表,连接示波器测量电路和毫伏表测量电路	20	按照电路图要求正确地进行连接示波器测量电路和毫伏表测量电路	线路连接错误,每条导线扣5分; 电路板电容、电感线圈或者电阻损坏,每只扣5分; 导线损坏,每条扣3分; 示波器、信号发生器或者毫伏表损坏,每只扣20分		

续上表

项目	内　　容	配分	考 核 要 求	扣 分 标 准	自评分	教师评分
测量要求	分别将示波器或者交流毫伏表接入电路中，使用示波器或者交流毫伏表测量相应的电压值或频率值	30	正确的将示波器或者交流毫伏表接入电路中，测量电压或频率值，正确读取相应的实验需要的电压或频率值	导线连接松动，每处扣2分，松动导致电路中出现火花，每处扣10分； 示波器或交流毫伏表接线错误，每处扣5分，示波器挡位选择不恰当进行读数，每次扣2分； 读数误差超过10%，每个读数扣2分，误差在5%～10%之间，每个读数扣1分； 未能在规定时间内完成任务酌情扣分		
理论知识	谐振的概念；串并联谐振电路中的基本参数、频率特性和通频带；信号发生器、示波器和交流毫伏表的使用	20	知道谐振的概念；串并联谐振电路中的基本参数、频率特性和通频带；能正确使用信号发生器、示波器和交流毫伏表	根据回答问题情况酌情扣分		
工作报告	（1）工作报告内容完整； （2）工作报告卷面整洁	15	工作报告内容完整，测量数据准确合理； 工作报告卷面整洁	工作实训报告内容欠完整，酌情扣分； 工作报告卷面欠整洁，酌情扣分		
合计		100				

注：各项配分扣完为止。

思考与练习题

1. 在 RLC 串联电路发生谐振时下列说法正确的是（　　）。

A. Q 值越大通频带越宽　　B. 端电压是电容两端电压的 Q 倍

C. 电路的电抗为零则感抗和容抗也为零　　D. 总阻抗最小总电流最大

2. 电感线圈与电容器并联的电路中当 R、L 不变增大电容 C 时谐振频率 f_0 将（　　）。

A. 增大　　B. 减小

C. 不变　　D. 不能确定

3. 在 RLC 串联谐振电路中已知信号源电压为 1V，频率为 1MHz，现调节电容使回路达到谐振,这时回路电流为100mA,电容两端电压为100V,求电路元件参数 R、L、C 和回路的品质因数。

4. 在电感线圈和电容器的并联谐振电路中已知电阻为50Ω,电感为0.25mH,电容为10pF,求电路的谐振频率、谐振时的阻抗和品质因数。

5. 在上题的并联谐振电路中,若已知谐振时阻抗为10kΩ,电感为0.02mH,电容为200pF,求电阻和电路的品质因数。

项目三　认识电容和电感

任务一　认识电容器

【任务目标】

1. 认识电容器，根据外形识别常用电容器的种类、参数；
2. 了解电容器的连接方式，掌握电容器串、并联特点；
3. 能够依据电容器充放电原理判断电容器的好坏；
4. 通过电容器的充放电实验进一步了解电容器的储能性能。

【任务分析】

电容器是构成电路的基本元件之一，在电子产品和电气设备中有广泛的应用。认识电容器，了解它的种类、性能及充放电原理，并学会判断电容器的好坏，在生产和生活中，有着很重要的意义。

【知识导航】

一、根据外形识别常用电容器种类、参数

1. 电容器概念

电容器就是储存电荷的容器。两个相互绝缘又靠得很近的导体就组成了电容器。这两个导体称为电容器的两个极板，极板通过电极与电路连接。极板间的绝缘材料称为电容器的介质，介质常采用空气、云母、纸、塑料薄膜和陶瓷等材料。如图3-1-1所示纸介电容，就是在两块金属锡箔之间插入纸介质，卷绕成圆柱形而构成的。

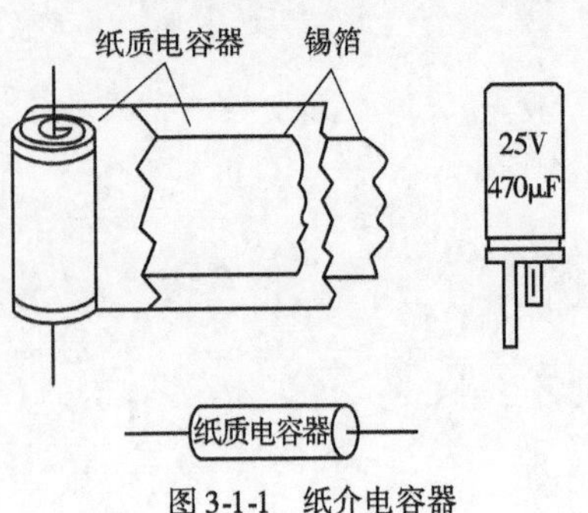

图3-1-1　纸介电容器

2. 电容器的分类、电路符号

电容器的种类很多，按结构可分为固定电容器、可变电容器；按绝缘介质不同又可分为空气电容器、纸介电容器、云母电容器及电解电容器等。虽然各种电容器的结构和大小不同，但其原理基本相同。常用电容器的外形和符号见表3-1-1。

常用电容器的外形和符号　　表 3-1-1

类型	名称	外形	电路符号
	电力电容器		
	纸介电容器	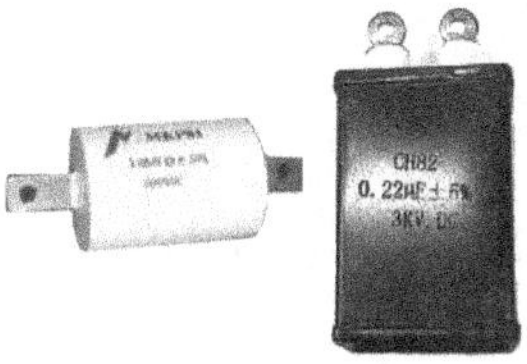	
固定电容器	瓷介电容器		
	有机薄膜电容器	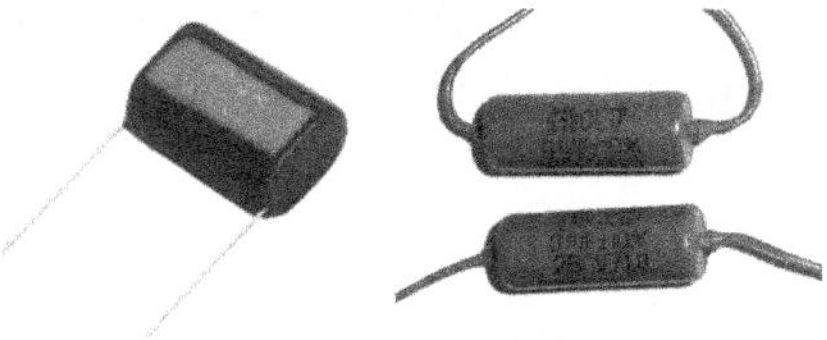	
	电解电容器		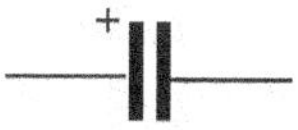 +
	可调电容器		
可调电容器	微调电容器		

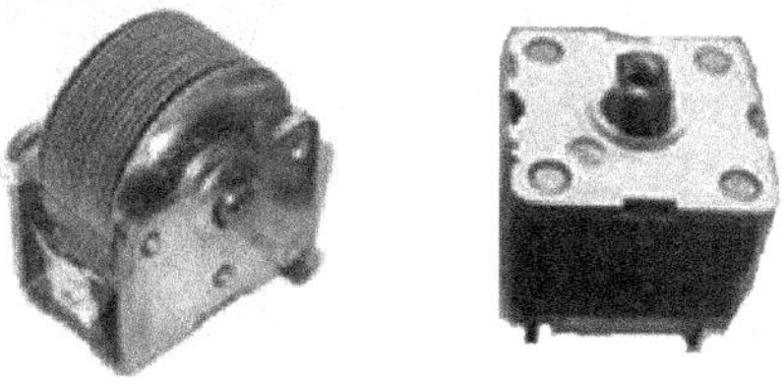

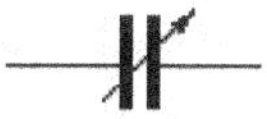

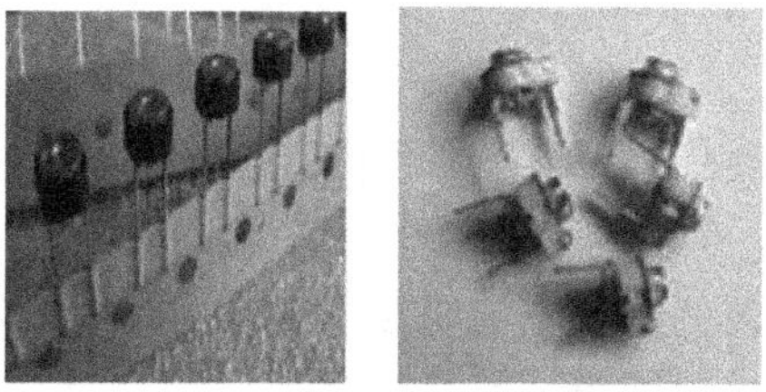

3. 电容量

电容器的最基本性质是它能存储电荷。如果把电容器的两个极板分别连接到直流电源上，则电容器两个极板上分别带有正、负电荷。实验证明，电容器的两极板上总是带着等量的异性电荷，极板间的电压越高，所带的电荷就越多。对于结构已定的电容器，极板的带电荷量与极板间电压的比值是一个常数，这个比值就叫电容器的电容量，简称电容，用符号 C 表示，即：

$$C=\frac{Q}{U}$$

式中：Q——一个极板上的电荷量，库仑(C)；

U——两极板间的电压，伏特(V)；

C——电容，法拉(F)。

电容单位的名称是法拉，简称法，用 F 表示，较小的常用单位有微法(μF)和皮法(pF)。它们之间的换算关系是：

$$1\mu F=10^{-6}F;1pF=10^{-12}F$$

电容量反映了电容器在一定电压作用下储存电荷能力的大小。电容量越大能存储的电荷量就越多；反之就越少。

4. 电容器的参数

1）额定工作电压

一般叫作耐压，它是指使电容器能长时间地稳定工作，且保证电介质性能良好的最高直流电压或交流电压的有效值。额定电压的大小与电容器所使用的绝缘介质和使用环境温度有关，其中与温度关系尤为密切。

2）标称容量和允许误差

电容器上所标明的电容量的值叫作标称容量。实际电容值与标称电容值之间总是有一定误差。

大多数电容器的电容量都直接标在电容器的表面上。瓷介电容器体积较小，往往只标数值不标单位。通常数值为几十、几百、几千时，单位均为 pF。如：

2300 表示 2300pF，35 表示 35pF；

当数值小于 1 时，单位均为 μF。如：

0.22 表示 0.22μF，0.047 表示 0.047μF。

还有一些瓷介电容器用三位数字表示，前两位表示电容量的有效数字，最后一位数字表示有效数字后加多少个零，单位是 pF。如：

103 表示 10000pF，352 表示 3500pF。

二、电容器的连接

1. 电容器的串联

电容器的串联，与电阻串联类似，将两个或两个以上的电容器，连接成一个无分支电路的连接方式，如图 3-1-2 所示。

适用情形：当单独一个电容器的耐压不能满足电路要求，而它的容量又足够大时，可将几个电容器串联起来，再接到电路中使用。

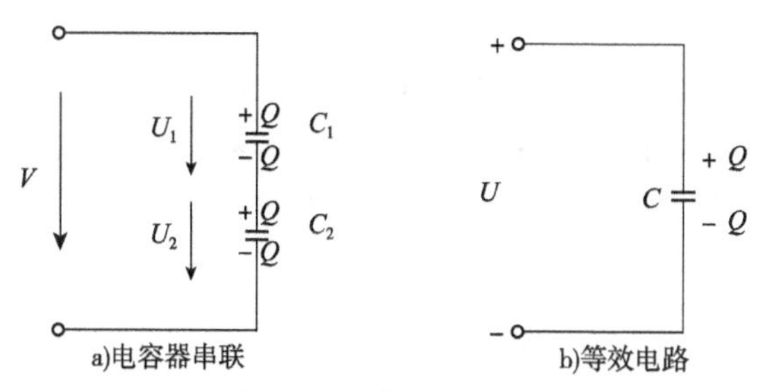

图 3-1-2　电容器串联电路

其特点是：

(1)电容器所带电荷量相等，即：$Q=Q_1=Q_2=\cdots=Q_n$；

(2)电容器的等效电容(总电容)C的倒数等于各个电容量倒数之和，即：

$$\frac{1}{C}=\frac{1}{C_1}+\frac{1}{C_2}+\cdots+\frac{1}{C_n}$$

当 n 个电容器的电容相等，均为 C_0时，总电容 C 为

$$C=\frac{C_0}{n}$$

(3)总电压 U 等于每个电容器上的电压之和，即：

$$U=U_1+U_2+\cdots+U_n$$

每个串联电容器上实际分配的电压与其电容量成反比，即：容量大的分配的电压小，容量小的分配的电压大。若只有两只电容器，则根据上述原理，每只电容器上分配的电压为：

$$U_1=\frac{C_2}{C_1+C_2},\quad U_2=\frac{C_1}{C_1+C_2}$$

式中：U——总电压；

U_1——C_1上分配的电压；

U_2——C_2上分配的电压。

【例 3-1-1】　两个相同的电容器，标有“100pF、60V”，串联后接到 900V 的电路上，每个电容器带多少电荷量？加在每个电容器上的电压是多大？电容器是否会被击穿？

解：(1)串联后等效电容为：

$$C=\frac{100\text{pF}}{2}=50\text{pF}$$

由于电容串联时，各电容器上所带的电荷量相等，并等于等效电容器中所带的电荷量，所以：

$$Q_1=Q_2=Q=CU=50\times10^{-12}\times900=4.5\times10^{-8}\text{C}$$

(2)每个电容器两端的电压是：

$$U_1=U_2=\frac{Q}{100\text{pF}}=\frac{4.5\times10^{-8}}{100\times10^{-12}}=450\text{V}$$

(3)因为每个电容器的额定工作电压是 60V，而现在每个电容器的实际工作电压是 450V，大于它们的额定工作电压值，所以电容器被击穿。

2. 电容器的并联

电容的并联是把几只电容器接到相同两个节点之间的连接方式。如图 3-1-3 适用情形：当单独一个电容器的电容量不能满足电路的要求，而其耐压均满足电路要求时，可将几个电容器并联起来，再接到电路中使用。

其特点是：

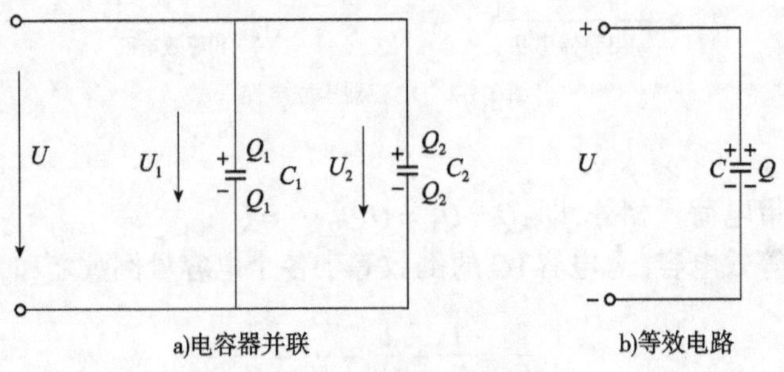

图 3-1-3 电容器并联电路

(1)并联后的总电荷量等于每个电容器上电荷量之和，即：

$$Q = Q_1 + Q_2 + \cdots + Q_n$$

(2)并联的等效电容量(总容量)C 等于各个电容器的容量之和，即：

$$C = C_1 + C_2 + \cdots + C_n$$

(3)每个电容器两端承受的电压相等，即：

$$U = U_1 = U_2 = \cdots = U_n$$

【例 3-1-2】 电容器 C_1 的电容量为 30μF，充电后电压为 30V，电容器 C_2 的电容量为 60μF，充电后电压为 15V。把它们并联在一起后，其电压是多少？

解：连接前电容器的电荷量分别为：

$$Q_1 = C_1U_1 = 30 \times 10^{-6} \times 30 = 9 \times 10^{-4}\text{C}$$

$$Q_2 = C_2U_2 = 60 \times 10^{-6} \times 15 = 9 \times 10^{-4}\text{C}$$

它们的总电荷量为：

$$Q = Q_1 + Q_2 = 18 \times 10^{-4}\text{C}$$

由电容器并联的特点知并联后的总电容为：

$$C = C_1 + C_2 = 30 + 60 = 90\mu\text{F} = 9 \times 10^{-5}\text{F}$$

两个电容器所带的总电荷量并不会因为并联而改变，因此并联后的电压为：

$$U = \frac{Q}{C} = \frac{18 \times 10^{-4}}{9 \times 10^{-5}} = 20\text{V}$$

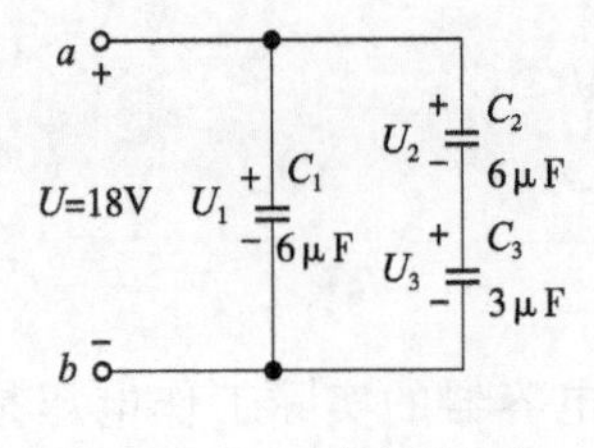

图 3-1-4 电容器混联电路

3. 电容器的混联

如图 3-1-4 所示，既有串联又有并联的电容器组合叫作电容器的混联。串联部分适合串联电容器的性质，并联部分适合并联电容器的性质。

【例 3-1-3】 电路如图 3-1-4 所示，已知 $U = 18\text{V}$，$C_1 = C_2 = 6\mu\text{F}$，$C_3 = 3\mu\text{F}$。求等效电容 C 及各电容两端的电压 U_1、U_2、U_3。

解：C_2与 C_3串联的等效电容为

$$C_{2,3}=\frac{C_2C_3}{C_2+C_3}=\frac{6\times3}{6+3}=2\mu\text{F}$$

$$C=C_1+C_{2,3}=2+6=8\mu\text{F}$$

$$U_1=U=18\text{V}$$

$$U_2+U_3=18\text{V}$$

$$U_2:U_3=\frac{1}{C_2}:\frac{1}{C_3}=1:2$$

$$U_2=6\text{V},U_3=12\text{V}$$

三、固定电容器的检测

利用电容器充放电原理，可以用万用表大致判断大容量电容器的质量好坏。

1. 漏电电阻的测量

用万用表的欧姆挡（视电容器的容量而定。测大容量的电容时，把量程放小，测小容量电容器时，把量程放大），把两表笔分别接触电容器的两引线脚，此时表针很快向顺时针方向摆动（R 为零的方向摆动），然后逐渐退回到原来的无穷大位置。断开表笔，并将红黑表笔对调，重复测量电容器，如表针仍按上述的方法摆动，说明电容器的漏电电阻很小，表明电容器性能良好，能够正常使用。

当测量中发现万用表的指针不能回到无穷大位置时，此时表针所指的阻值就是该电容器的漏电电阻。表针距离阻值无穷大位置越远，说明电容器漏电越严重。有的电容器在测其漏电电阻时，表针退回到无穷大位置时，然后又慢慢地向顺时针方向摆动，摆动的越多表明电容器漏电越严重。

2. 电容器断路的测量

电容器的容量范围很宽，用万用表判断电容器的断路情况时，首先要看电容量的大小。对于 0.01μF 以下的小容量电容器，用万用表不能准确判断其是否断路，只能用其他仪表进行鉴别。对于 0.01μF 以上的电容器，用万用表测量时，必须根据电容器容量的大小，选择合适的量程进行测量，才能正确给以判断。

如测量 300μF 以上容量的电容器时，可选用 $R\times10$ 挡或 $R\times1$ 挡；如测量 10 ~ 300μF 以上容量的电容器时，可选用 $R\times100$ 挡；如测量 0.47 ~ 10μF 以上容量的电容器时，可选用 $R\times1\text{k}$挡；如测量 0.01 ~ 0.47μF 以上容量的电容器时，可选用 $R\times10\text{k}$ 挡。

按照上述方法选择好万用表的量程后，便可将万用表的两表笔分别接电容器的两引线，测量时，如表针不动，可将两表笔对调后再测，如表针仍不动，说明电容器断路。

3. 电容器的短路测量

用万用表的欧姆挡，将表的两表笔分别接电容器的两引线，如表针所示阻值很小或为零，而且表针不再退回无穷大处，说明电容器已经击穿短路。需要注意的是在测量容量较大的电容器时，要根据容量的大小，依照上述介绍的量程选择方法来选择适当的量程，否则就会把电容器的充电误认为是击穿。

【任务实施】

我们了解了电容器的性质,下面我们通过进行电容器的充放电实验,进一步认识电容器。

在外加电压的作用下电容器储存电荷的过程叫作充电,通过负载释放电荷的过程叫作放电。电容器具有充放电的特性形成了电容器应用于电路的基本原理。因此,弄清充放电的过程及其规律,对分析和掌握含电容电路的原理具有重要意义。

一、工具及仪器仪表

本任务所用工具及仪器仪表见表3-1-2。

工具及仪器仪表　　表3-1-2

序号	名称	实物图	功能及使用
1	直流电流表		直流电流表是用来检测直流电路中电流的仪表。由于测量的需要不同,电流表分为安培表,毫安表和微安表;电流表一般有两个正接线柱,一个负接线柱,可以使电流表达到不同的量程,电流表与被测用电器串联
2	直流电压表		直流电压表是测量直流电压的一种仪器,直流电压表一般有三个接线柱,两个正接线柱,一个负接线柱(有的电压表量程不同有三个负接线柱),电压表的正极与电路的正极连接,负极与电路的负极连接。电压表必须与被测用电器并联
3	电容器		电容器是存储电荷的容器,电容器是电子设备中大量使用的电子元件之一,广泛应用于电路中的隔直通交,耦合,旁路,滤波,调谐回路,能量转换,控制等方面
4	电阻		电阻在电路中通常起导电、分压、分流的作用,它是一个耗能元件

续上表

序号	名 称	实　物　图	功 能 及 使 用
5	直流电源		直流电源，给电路提供直流电
6	单刀双掷开关		单刀双掷开关由动端和不动端组成，动端就是所谓的“刀”，它连接电源的进线，也就是来电的一端；另外的两端就是电源输出的两端，也就是所谓的不动端，它们是与用电设备相连的。单刀双掷开关的作用可拨向两边，起到双控制
7	导线		导线若干条，进行电路的连接，同时也是导体

二、任务实施步骤及要求

实验步骤及要求见表 3-1-3，实验电路见图 3-1-5。

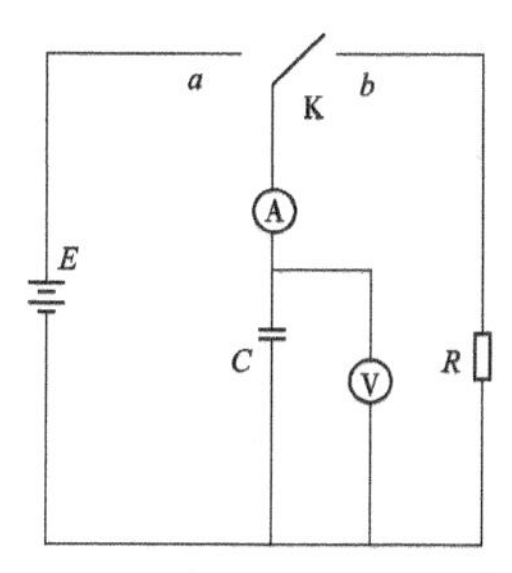

图 3-1-5　电容器充、放电实验电路

实 验 步 骤　　表 3-1-3

步骤	实 验 过 程	注意事项及要求
1		按照电路图 3-1-5 接好电路。注意电流表要串联接入线路中，电压表并联接在电容器的两边，注意“ + ”极接高电位，“ - ”极接低电位，测量前估计电流表和电压表的量程，实验前电容器不要带电

续上表

步骤	实 验 过 程	注意事项及要求
2	  	将转换开关 K 拨到 a 位置,构成充电电路,注意观察仪表指针偏转情况,记录下来
3	  	转换开关 K 拨到 a 位置后,立即转到 b 位置,构成电容器的放电回路,注意观察指针偏转情况,记录下来

在上述实验中，步骤2电容器在充电过程中，为什么电流会由大变小，最后变为零，而电容器两端电压却由小变大，最后等于电源电压呢？步骤3电容器在放电过程中，为什么电流会由大变小，最后变为零，电容器两端电压也由大变小，最后下降为零呢？

1. 电容器的充电过程

当电容器接通电源以后，在电场力的作用下，与电源正极相接电容器极板的自由电子经过电源移到与电源负极相接的极板下，正极由于失去负电荷而带正电，负极由于获得负电荷而带负电，正、负极板所带电荷大小相等，符号相反，如图3-1-6所示。电荷定向移动形成电流，由于同性电荷的排斥作用，所以开始电流最大，以后逐渐减小，在电荷移动过程中，电容器极板储存的电荷不断增加，电容器两极板间电压 U_C 等于电源电压 U 时电荷停止移动，电流 $I=0$。

2. 电容器的放电过程

当K转到 b 位置时，电容器 C 负极板的负电荷不断移出与正极板的正电荷中和，电荷逐渐减少，表现电流逐渐减小为零，电压也逐渐减小为零，如图3-1-7所示。

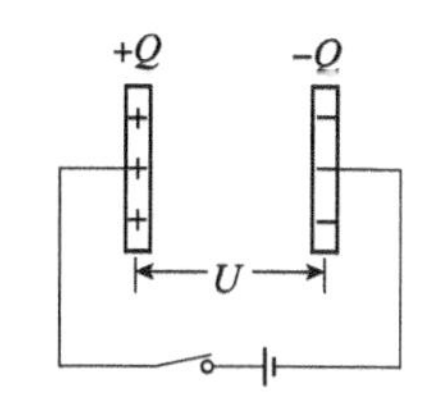

图3-1-6　电容器充电示意图

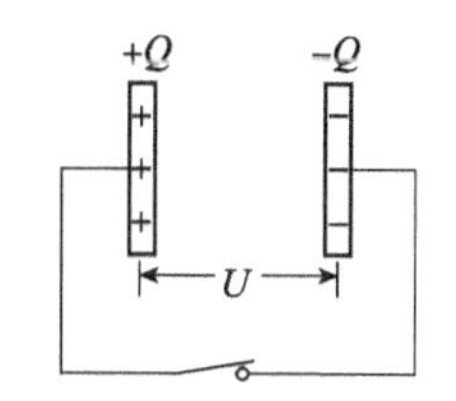

图3-1-7　电容器放电示意图

3. 电容器的电场能

电容器的充放电过程，实质上是电容器与外部能量的交换过程。图3-1-5所示的电容器在放电过程中，电容器把充电时所储存的电场能全部释放出来，并通过电阻转化为热能。电容器本身不消耗能量，所以说电容器是一种储能元件。

电容器中的电场能计算方法：

$$W_C = \frac{1}{2}CU^2$$

式中：C——电容器的电容，法拉（F）；

U——电容器两极板间的电压，伏特（V）；

W_C——电容器中的电场能，焦耳（J）。

显然，在电压一定的条件下，电容越大，储存的能量越多，电容的大小也是电容器储能本领大小的标志。

【任务评价】

项目	内　　容	配分	考核要求	扣分标准	自评分	教师评分
工作态度	（1）工作的积极性； （2）安全操作规程的遵守情况； （3）纪律遵守情况和团结协作精神	20	工作过程积极参与，遵守安全操作规程和劳动纪律，有良好的职业道德、敬业精神及团结协作精神	违反安全操作规程扣30分，其余不达要求酌情扣分； 实训过程中互帮互助，酌情加5～10分		

续上表

项目	内　容	配分	考核要求	扣分标准	自评分	教师评分
连接电路	根据工作任务要求，选用合适的元器件、操作工具和对应仪表，连接电路	20	电路装接正确	线路接线错误扣20分； 漏掉元器件的一个扣10分		
工艺要求	电路连接正确，布线整齐、合理，工艺较好	10	电路连接正确，布线整齐、合理，工艺较好，操作步骤安排合理	电压表、电流表等接线松动，每处扣3分； 电器元件损坏，每只扣5分； 未能在规定时间内完成任务酌情扣分		
理论知识	能正确按照操作步骤完成电容的充放电实验	30	能了解电容器的容量，正确解释电容器充放电原理	实验中，未能仔细观察电流表、电压表偏转情况的扣25分，没有记录的扣10分，漏做一项内容扣20分		
工作报告	（1）工作报告内容完整； （2）工作报告卷面整洁	20	工作报告内容完整，测量数据准确合理； 工作报告卷面整洁	工作实训报告内容欠完整，酌情扣分； 工作报告卷面欠整洁，酌情扣分		
合计		100				

注：各项配分扣完为止。

思考与练习题

1. 凡是用__________隔开两导体的组合就构成一只电容器，在实际电路中电容器主要具有__________、__________和__________的功能。

2. 电容量是说明电容器__________的物理量，它表示在__________的作用下，每极极板所储存的电量，其表达式为__________；电容器的电容量与极板间电介质的介电常数成__________比。

3. 电容器在充电过程中，充电电流逐渐__________，电容电压逐渐__________；而在放电过程中，放电电流逐渐__________，电容电压将逐渐__________。

4. 当电容器极板上的电荷量发生变化（增加或减少）时，与电容器连接的电路中__________，当电容器极板上的电荷量恒定不变时，与电容器连接的电路中__________。

5. 串联电容器的等效电容量总是__________其中任一电容器的电容量；并联电容器的

等效电容量总是__________其中任一电容器的电容量。

6. 下列说法中错误的是(　　)。

A. 电容器的容量越大,所带电荷就越多

B. 电容器两极板上的电压越高,其容量越大

C. 电容器(绝缘介质为线性介质)带电量与电压成正比

D. 无论电容器(绝缘介质为线性介质)两极板上的电压如何变化,其所带的电量与电压的比值总是恒定的

7. 如图 3-1-8 所示,已知 $R_1=40\Omega,R_2=60\Omega,C_2=0.5\mu F,U=10V$,问电容器两端的电压是多少?电容器极板上所带的电量又是多少?

8. 在如图 3-1-9 电路中,已知 $C_1=0.2\mu F,C_2=0.3\mu F,C_3=0.8\mu F,C_4=0.2\mu F$。求:(1)当开关 S 断开时,AB 两点间的等效电容;(2)当开关 S 闭合时,AB 两点间的等效电容。

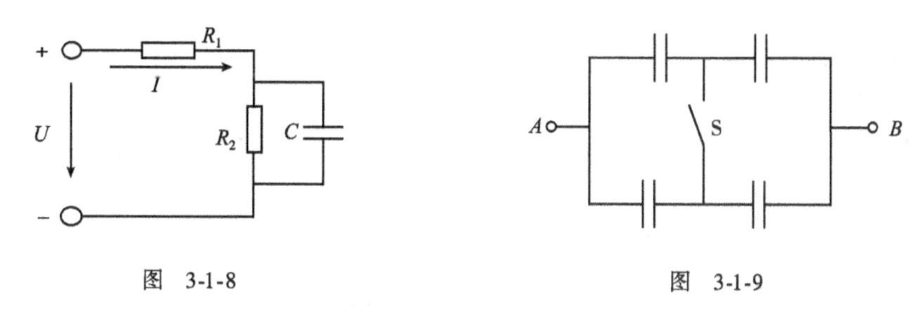

图　3-1-8　　　　图　3-1-9

9. 把"100pF、600V"和"300pF、300V"的电容器串联后,接到 900V 的电路上,电容器是否会被击穿?为什么?

10. 现有两只电容器,其中一只电容为 $0.25\mu F$,耐压为 250V,另一只电容为 $0.5\mu F$,耐压为 300V,求:(1)它们串联以后的耐压值;(2)它们并联以后的耐压值。

任务二　观察、判断电磁感应现象

【任务目标】

1. 了解电流的磁场;
2. 掌握磁场的主要物理量;
3. 通过实验观察、判断电磁感应现象。

【任务分析】

电流能产生磁场,磁场能产生感应电流,电磁感应现象在现实生活中应用广泛。观察判断电磁感应现象,了解它的产生原理、学会判断它的方向,掌握它的应用,是本任务的重点。

【知识导航】

一、电流的磁场

某些物体能够吸引铁、镍、钴等物质，这种性质称为磁性。具有磁性的物体称为磁体。任何磁体都具有两个磁极，即北极（N 极）和南极（S 极）。当两个磁极靠近时，它们之间会产生相互作用：同名磁极相互排斥，异名磁极相互吸引。两个磁极互不接触，却存在相互作用的力，这是为什么呢？原来在磁体周围的空间中存在着一种特殊的物质——磁场，磁极之间的作用力就是通过磁场进行传递的。

磁铁并不是磁场的唯一来源，我们把一个小磁针放在通电导线旁，发现小磁针会转动，见图 3-2-1。这说明，不仅磁铁能产生磁场，电流也能产生磁场，这种现象称为电流的磁效应。

电流所产生磁场的方向可用右手螺旋法则（也称安培定则）来判断，一般分为两种情况：

1. 通电长直导线的磁场方向

右手握住导线并把拇指伸开，用拇指指向电流方向，那么四指环绕的方向就是磁场方向（磁感线方向），如图 3-2-2 所示。

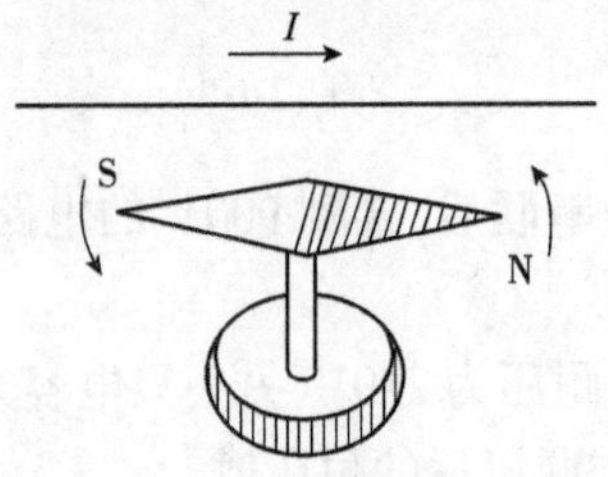

图 3-2-1　直导线电流产生的磁场

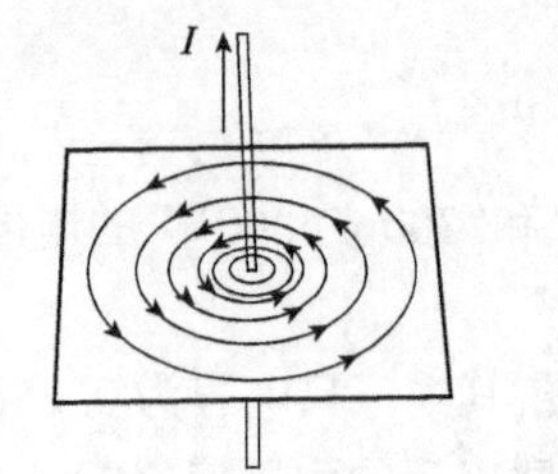

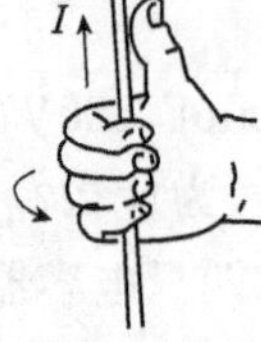

图 3-2-2　通电长直导线的磁场方向

2. 通电螺线管的磁场方向

右手握住螺线管并把拇指伸开，弯曲的四指指向电流方向，拇指所指方向就是磁场北极 N 的方向，如图 3-2-3 所示。

二、磁场的主要物理量

如图 3-2-4 所示，观察实验。在蹄形磁体两级所形成的均匀磁场中，放置一段直导线，让导线方向与磁场方向保持垂直，可以看到导线因受力而发生运动。通过实验我们发现，通电直导线垂直放置在确定的磁场中受到的磁场力 F 跟通过的电流强度 I 和导线长度 L 成正比，或者说跟 IL 的乘积成正比。这就是说无论怎样改变电流强度 I 和导线长度 L，乘积 IL 增大多少倍，则 F 也增大多少倍。比值 $F/(IL)$ 是恒量。

比值 $F/(IL)$ 反映了磁场的特性。正如电场特性用电场强度来描述一样，磁场特性用一个新的物理量——磁感应强度来描述。

1. 磁感应强度

在磁场中垂直于此磁场方向的通电导线，所受到的磁场力 F 跟电流强度 I 和导线长度 L

的乘积 IL 的比值，叫作通电导线所在处的磁感应强度，用 B 表示。磁感应强度是描述磁场强弱和方向的物理量。

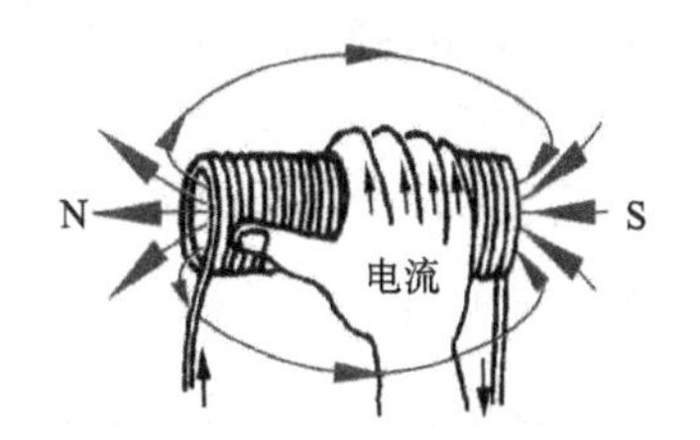

图 3-2-3　通电螺线管的磁场方向

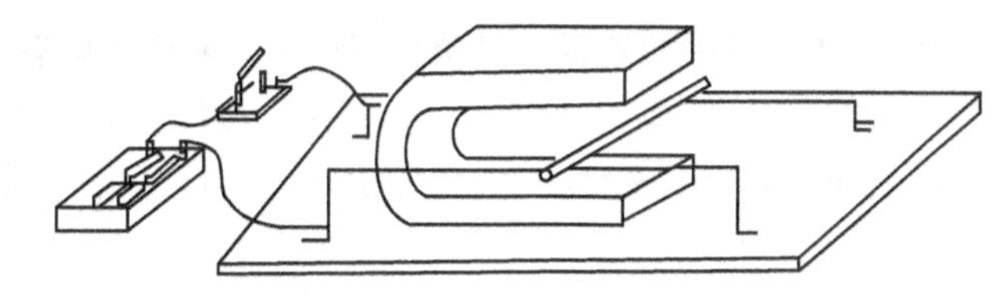
图 3-2-4　通电导线在磁场中受力

计算公式为：

$$B=\frac{F}{IL}$$

磁感应强度 B 是矢量，它的方向就是该点的磁场方向，单位是特斯拉，用符号 T 表示。用磁感线可形象的描述磁感应强度 B 的大小，B 较大的地方，磁场较强，磁感线较密；B 较小的地方，磁场较弱，磁感线较稀；磁感线的切线方向即为该点磁感应强度 B 的方向。

匀强磁场中各点的磁感应强度大小和方向均相同。

2. 磁通

在磁感应强度为 B 的匀强磁场中取一个与磁场方向垂直，面积为 S 的平面，则 B 与 S 的乘积，叫作穿过该面积的磁通量，简称磁通，用 Φ 表示。

计算公式为：

$$\Phi=BS$$

磁通单位是韦[伯]，用符号 Wb 表示。

由磁通的定义可知，磁感应强度 B 可看作是通过单位面积的磁通，因此磁感应强度 B 也常叫作磁通密度，并用 Wb/m^2 做单位。

3. 磁导率

1）磁导率

磁场中各点的磁感应强度 B 的大小不仅与产生磁场的电流和导体有关，还与磁场内媒介质（又叫作磁介质）的导磁性质有关。在磁场中放入磁介质时，介质的磁感应强度 B 将发生变化，磁介质对磁场的影响程度取决于它本身的导磁性能。

物质导磁性能的强弱用磁导率 μ 来表示，μ 的单位是亨利/米，用符号 H/m 表示。不同的物质磁导率不同。在相同的条件下，μ 值越大，磁感应强度 B 越大，磁场越强；μ 值越小，磁感应强度 B 越小，磁场越弱。

真空中的磁导率是一个常数，用 μ_0 表示，$\mu_0=4\pi\times10^{-7}$ H/m。

2）相对磁导率

为了便于对各种物质的导磁性能进行比较，以真空中的磁导率 μ_0 为基准，将其他物质的磁导率 μ 和 μ_0 比较，其比值叫相对磁导率，用 μ_r 表示，即：

$$\mu_r=\frac{\mu}{\mu_0}$$

根据相对磁导率 μ_r 的大小，可将物质分为三类：

(1)顺磁性物质:μ_r 略大于1,如空气、氧、锡、铝、铅等物质都是顺磁性物质。在磁场中放置顺磁性物质,磁感应强度 B 略有增加。

(2)反磁性物质:μ_r 略小于1,如氢、铜、石墨、银、锌等物质都是反磁性物质,又叫作抗磁性物质。在磁场中放置反磁性物质,磁感应强度 B 略有减小。

(3)铁磁性物质:μ_r 远大于1,且不是常数,如铁、钢、铸铁、镍、钴等物质都是铁磁性物质,在磁场中放入铁磁性物质,可使磁感应强度 B 增加几千甚至几万倍。

【任务实施】

电流能产生磁场,那么磁场能否产生电流呢?下面我们通过实验,进一步观察、判断电磁感应现象。

一、工具及仪器仪表

实验所需工具及仪器仪表见表3-2-1。

工具及仪器仪表 表3-2-1

序号	名 称	实 物 图	功 能 及 使 用
1	检流计		检流计是用来检测微弱电量用的高灵敏度的机械式指示电表。依据量程的不同,检流计有多个接线柱
2	蹄形磁铁		蹄形磁铁,分为N极和S极,能产生磁场
3	条形磁铁		条形磁铁,分为N极和S极,能产生磁场
4	直导体		直导体1根(本实验可用导线代替),起到连接、导电的作用

续上表

序号	名 称	实 物 图	功 能 及 使 用
5	空心线圈		空心线圈,与检流计相连
6	导线		导线若干条,进行电路的连接,同时起到导电作用

二、实验步骤及要求

1. 直导体的电磁感应实验(表3-2-2)

实 验 步 骤　　表3-2-2

步骤	实 验 过 程	注意事项及要求
1	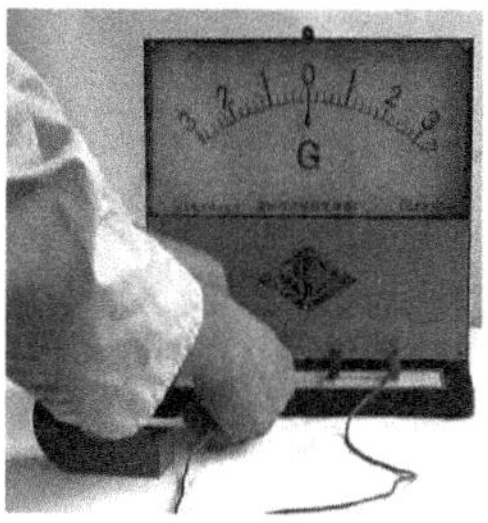	接好电路,导线、检流计组成闭合电路
2	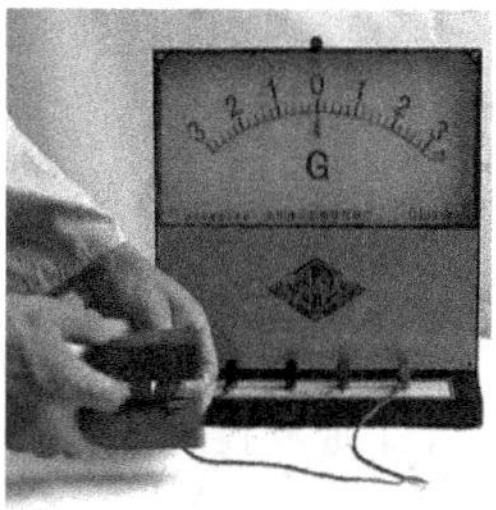	导线放在磁体中保持静止不动,观察检流计指针,并记录

续上表

步骤	实 验 过 程	注意事项及要求
3		让导线平行于磁力线方向(上下)运动,观察电流表指针的变化并记录
4		让导线在蹄形磁铁内向左做切割磁力线运动,观察电流表指针变化并记录
5		导线向右做切割磁力线运动,观察电流表指针变化并记录;把蹄形磁铁上下颠倒一下(改变磁场方向),同样让导线做两个方向运动,观察电流表指针的变化并记录

实验中我们观察到(直导体)在蹄形磁铁内沿一个方向做切割磁力线运动,电流表指针偏转,表明回路里面有电流;导线在磁铁内沿反方向做切割磁力线运动,电流表指针偏转方向不同,表明回路里电流方向不同;导线平行于磁力线方向上下运动,电流表指针不偏转,表明回路里面没有电流,且感应电流的方向与导体切割磁力线运动方向有关。

改变磁场方向,再重复做上述运动,电流表指针偏转方向也不同。说明感应电流的方向与磁场方向有关。

通过实验,我们得出了这样的结论:

(1)利用磁场产生电流的现象叫作电磁感应现象,用电磁感应的方法产生的电流,叫感应电流。

(2)闭合回路中的一部分导体在磁场中作切割磁力线运动时,回路中有感应电流。

(3)感应电流的方向跟导体运动的方向和磁力线的方向都有关系。

如何判断电磁感应电流的方向呢?我们用右手定则。

右手定则:伸开右手,使大拇指和四指在同一平面内并且拇指与其余四指垂直,让磁力线从掌心穿入,拇指指向导体运动方向,四指所指的方向是感应电动势(电流)的方向,如图3-2-5所示。

当导体、导体运动方向和磁感线方向三者互相垂直时,导体中的感应电动势为:

$$e = Blv$$

如果导体运动方向与磁感线方向有一夹角 θ(图 3-2-6),则导体中的感应电动势为:

$$e = Blv \cdot \sin\theta$$

由上式可知,当导体的运动方向与磁感线垂直时($\theta = 90°$),导体中感应电动势最大;当导体的运动方向与磁感线平行时($\theta = 0°$),导体中感应电动势为零。

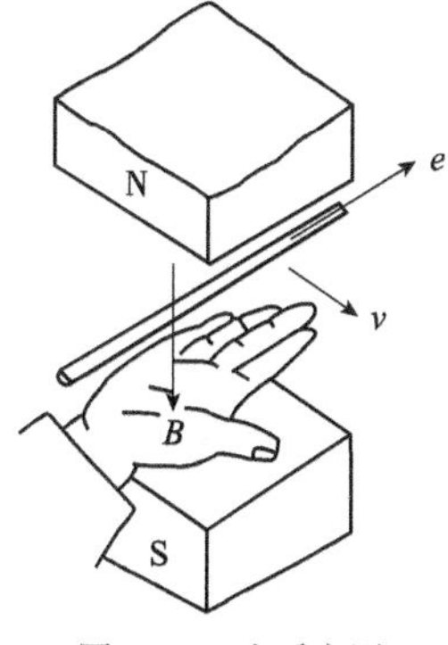

图 3-2-5　右手定则

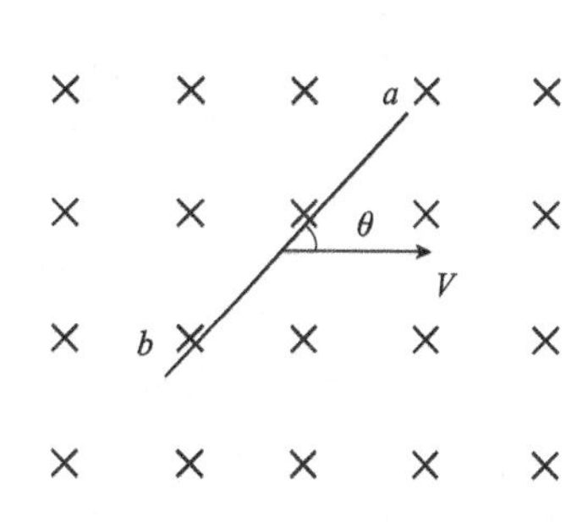

图 3-2-6　导体运动方向与磁感线方向有一个夹角 θ

2. 空心线圈的电磁感应实验(表 3-2-3)

实 验 步 骤　　表 3-2-3

步骤	实 验 过 程	注意事项及要求
1		接好电路,空心线圈、检流计组成闭合电路
2		将条形磁铁放在线圈中,观察检流计的指针变化
3		将条形磁铁插入线圈,闭合电路磁通量增加,观察检流计指针变化

续上表

步骤	实验过程	注意事项及要求
4		将条形磁铁拔出线圈，闭合电路磁通量减小，观察检流计指针变化
5		将磁铁迅速插入与慢慢插入螺线管时，观察电流计指针偏转角度的不同
6		换用强磁铁，迅速插入，观察指针的偏转情况

实验中我们观察到将条形磁铁放置在线圈中，当其静止时，检流计的指针不偏转这说明线圈中没有电流；将条形磁铁插入或拔出时，检流计的指针都会发生偏转；插入或拔出的速度越快，检流计指针偏转角度越大；换用强磁铁，检流计指针偏转角度也加大；条形磁铁插入及拔出方向不同时，电流的方向不同。

通过实验，我们得出这样的结论：

(1)在空心线圈回路中磁通发生了变化就能产生感应电动势和感应电流；

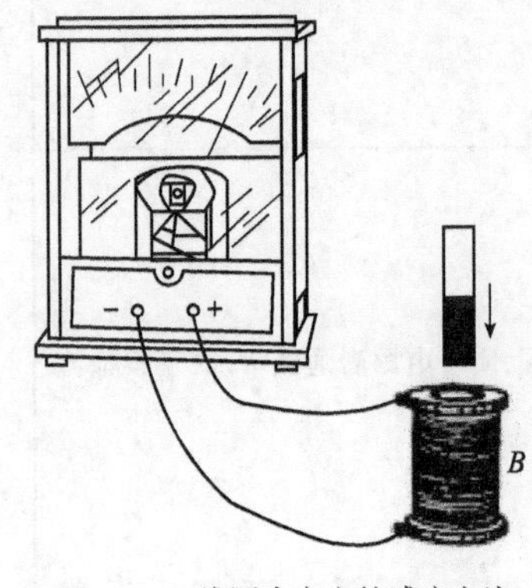

图 3-2-7　线圈中产生的感应电流

(2)楞次定律指出了磁通的变化与感应电动势在方向上的关系。判断线圈产生的感应电流、感应电动势的方向，我们用楞次定律。

楞次定律：感应电流产生的磁通总是阻碍原磁通的变化。

例如在图 3-2-7 中，当把磁铁插入线圈时，线圈中的磁通将增加。根据楞次定律，感应电流的磁场应阻碍磁通的增加，则线圈感应电流磁场的方向应为上 N 下 S，再用右手螺旋法则可判断出感应电流的方向是由右端流进检流计。如果将铁芯放置在线圈中后静止不动，由于线圈中的磁通量不发生变化，所以感应电流为零。

(3)感应电动势的大小由磁通量变化量 $\Delta\Phi$ 的大小和变化的时间 Δt 决定,即由磁通量的变化率决定。这就是法拉第电磁感应定律。

用 $\Delta\Phi$ 表示时间间隔 Δt 内一个单匝线圈中的磁通变化量,则一个单匝线圈产生的感应电动势的大小为:

$$\varepsilon = \frac{\Delta\Phi}{\Delta t}$$

对于 N 匝线圈,且穿过每匝线圈的磁通相同,则感应电动势的大小为:

$$\varepsilon = N\frac{\Delta\Phi}{\Delta t}$$

式中,ε 为感应电动势,单位是伏[特],符号为 V。

【例 3-2-1】 在图 3-2-8a)中,有一有效长度 $L=30\text{cm}$ 的导体,在 $B=1.25\text{T}$ 的均匀磁场中运动,运动方向与 B 垂直,且速度 $v=40\text{m/s}$。设导体的电阻 $R_0=0.1\Omega$,外电路的电阻 $R=19.9\Omega$。

求:(1)导体中感应电动势的方向;

(2)闭合电路中电流的大小和方向。

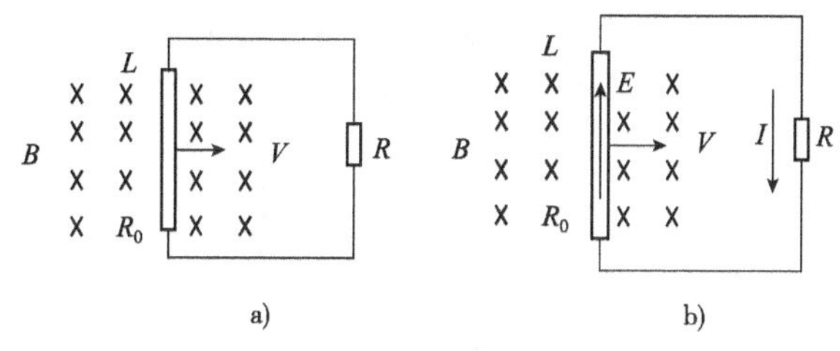

图 3-2-8 导体在磁场中运动

解:(1)导体中感应电动势的方向:

由右手定则判断可知 E 的方向如图所示。

(2)闭合电路中电流的大小和方向:

$\because E = BLv\cdot\sin\theta = 1.25\times30\times10^{-2}\times40\times\sin90° = 15\text{V}$,

$\therefore I = \dfrac{E}{R+R_0} = \dfrac{15}{19.9+0.1} = 0.75\text{A}$。

(3)I 的方向如图 3-2-8b)所示。

【任务评价】

项目	内　　容	配分	考 核 要 求	扣 分 标 准	自评分	教师评分
工作态度	(1)工作的积极性 (2)安全操作规程的遵守情况 (3)纪律遵守情况和团结协作精神	20	工作过程积极参与,遵守安全操作规程和劳动纪律,有良好的职业道德、敬业精神及团结协作精神	违反安全操作规程扣20分,其余不达要求酌情扣分; 当实训过程中他人有困难能给予热情帮助则加5~10分		

续上表

项目	内 容	配分	考核要求	扣分标准	自评分	教师评分
连接电路	根据工作任务要求,选用合适的元器件、操作工具和对应仪表,连接电路	20	电路装接正确	线路接线错误扣20分; 漏掉元器件的一个扣10分		
工艺要求	电路连接正确,布线整齐、合理,工艺较好	10	电路连接正确,布线整齐、合理,工艺较好,操作步骤安排合理	仪表安装松动,每处扣3分; 仪表损坏,每只扣10分; 未能在规定时间内完成任务酌情扣分		
理论知识	能正确按照操作步骤完成各项电磁感应实验	30	能理解电磁感应现象,正确掌握电磁感应电流方向的判断方法	实验中,未能仔细观察检流计变化,未能及时记录电流变化过程的扣25分,少做一项实验的扣10分		
工作报告	(1)工作报告内容完整; (2)工作报告卷面整洁	20	工作报告内容完整,测量数据准确合理; 工作报告卷面整洁	工作实训报告内容欠完整,酌情扣分; 工作报告卷面欠整洁,酌情扣分		
合计		100				

思考与练习题

1. 当导体相对磁场运动而__________或线圈中的磁通__________时,就会产生感应电动势。

2. 感应电流的磁通总是__________原磁通的变化。线圈中磁通变化产生感应电动势的大小与__________和__________成正比。

3. 任意磁场的磁场强度大小等于磁场中某点磁感应强度与__________的比值。

4. 根据物质相对磁导率的大小,物质可以分为__________、__________和__________三类。

5. 电流周围存在__________的现象称为电流的磁效应。

6. 下列关于磁场的基本物理量的说法中错误的是(　　)。

A. 磁感应强度是矢量,它是描述磁场强弱和方向的物理量

B. 磁通量是标量,它是表示磁场强弱的物理量

C. 磁导率是标量,它是描述磁介质磁化特性的物理量,它的大小只与磁介质的性质有关,与其他因素无关

D. 磁场强度是矢量,它也是描述磁场强弱和方向的物理量,它的方向总是与磁感应强度方向相同,它的大小总是与磁感应强度的大小成正比

7. 下列关于感应电动势的说法中正确的是(　　)。

A. 当一段直导体在磁场中作切割磁感应线运动时,导体上一定有感应电动势产生

B. 导体切割磁感应线而产生的感应电动势与导体在单位时间内所切割的磁感应线数成正比

C. 不论什么原因,不管导体回路是否闭合,只要穿过导体回路的磁通量发生变化,回路中就会产生感应电动势

D. 导体回路中的感应电动势与穿过导体回路的磁通量的变化量成正比

8. 闭合导体回路中的一部分导体在磁场中作切割磁感应线运动时(　　)。

A. 这部分导体上一定有感应电动势产生

B. 回路中一定有感应电流产生

C. 这部分导体一定会受到阻碍它运动的磁场力的作用

D. 要使这部分导体做匀速运动,外力一定要对它做功

9. 判断电流产生的磁场方向要用(　　)。

A. 右手定则

B. 左手定则

C. 安培定则

10. 运动导体切割磁力线产生最大感应电动势时,导体与磁力线间的夹角为(　　)。

A. 0°　　B. 30°　　C. 45°　　D. 90°

11. 当磁铁从线圈中取出时,线圈中感应电流磁通的方向(　　)。

A. 与磁铁运动方向相同　　B. 与磁铁运动方向相反

C. 与磁铁的磁通方向一致　　D. 与磁铁的磁通方向相反

12. 线圈中当磁场增强时,产生感应电流的磁通(　　)。

A. 与原磁通的方向相反

B. 与原磁通的方向相同

C. 与原磁通的方向无关

13. 判断标出图 3-2-9 中电磁铁磁极的极性和小磁针的指向。

14. 在图 3-2-10 中,根据磁极的极性或小磁针的指向,判断标明线圈中电流的方向。

15. 已知线圈的匝数 $N_2 = 500$ 匝,由于某种原因穿过线圈的磁通 Φ 在 0.1s 内减小了 4×10^{-2}Wb。求:线圈中感应电动势的大小和方向。

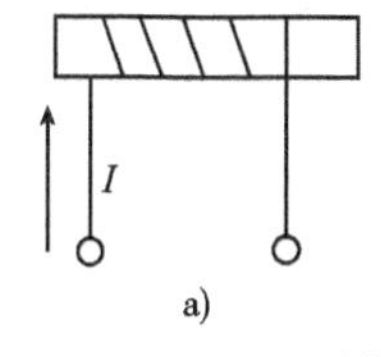

a)

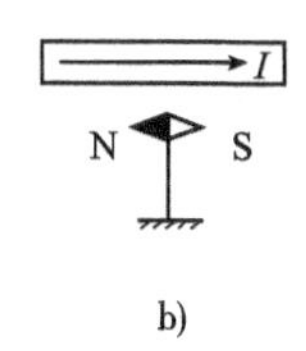

b)

图 3-2-9

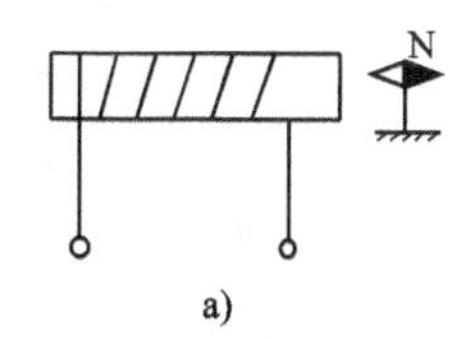

a)

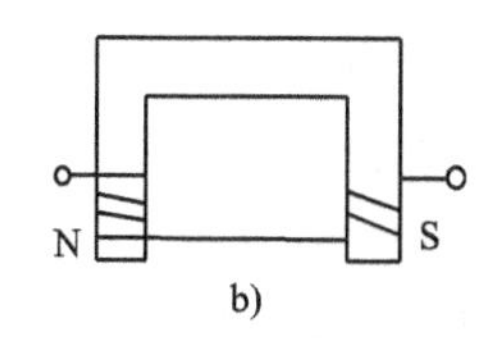

b)

图 3-2-10

任务三　体验互感现象在电机、变压器中的使用

【任务目标】

1. 认识自感、互感；
2. 了解三相异步电动机、变压器结构原理，体验互感现象的利用。

【任务分析】

电动机为什么能输出动力？变压器为什么能变压？我们在日常生活中经常会有这样的疑问。科学研究发现，凡是有导线、线圈的设备中，只要有电流变化都有自感或互感现象存在；利用互感可以很方便地把能量或信号由一个线圈传递到另一个线圈。三相异步电动机和各种各样的变压器等都是根据互感原理工作的。通过本任务的学习，使我们在日常生活中认识自感，充分考虑互感和利用互感。

【知识导航】

一、自感

图 3-3-1a）和图 3-3-1b）是自感现象的实验电路。

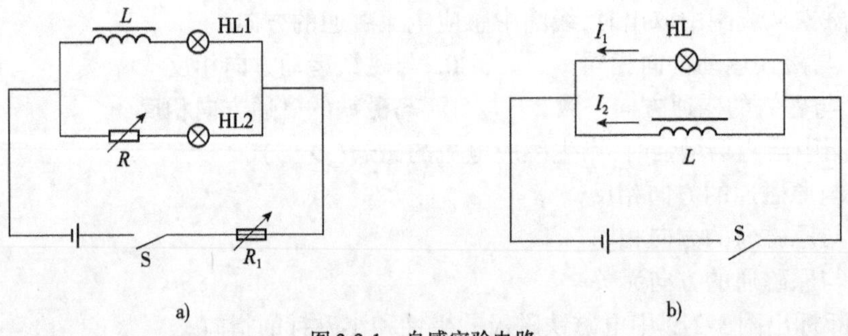

图 3-3-1　自感实验电路

在 3-3-1a）电路中，调节 R 使白炽灯泡 HL1、HL2 亮度相同，再调节 R_1 使两白炽灯泡正常发光，然后断开 S 再接通电路。我们发现 HL2 正常发光，HL1 逐渐亮起来。这是为什么呢？原来，当合上开关后，因灯泡 HL1 与线圈 L 串联，通过线圈 L 的电流由零开始增大，穿过线圈 L 的磁通也随之增加，根据楞次定律可知，感应电动势要阻碍线圈中电流的增大，因此灯泡 HL1 必然要比 HL2 亮得慢些。

在 3-3-1b）电路中，合上开关 S 白炽灯泡 HL 正常发光，当再断开电路时，我们发现在断电的一瞬间，白炽灯泡突然发出很强的亮光，然后才熄灭。这是由于断开开关后，通过线圈 L 的电流突然减小，穿过线圈 L 的磁通也很快减少，线圈中必然要产生一个很强的感应电动

势，以阻碍电流的减小。虽然这时电源已被切断，但线圈 L 和灯泡 HL 组成了回路，在这个电路中有较大的感应电流通过，所以灯泡会突然闪亮。

从这个实验可以看出，当线圈中的电流发生变化时，线圈本身就产生感应电动势，这个电动势总是阻碍线圈中原来电流的变化。

1. 自感现象

由于线圈本身的电流发生变化而产生的电磁感应现象叫自感现象，简称自感。在自感现象中产生的感应电动势称为自感电动势，用 e_L 表示，自感电流用 i_L 表示。

2. 自感系数

当线圈中通入电流后，这一电流使每匝线圈所产生的磁通称为自感磁通。当同一电流通入结构不同的线圈时，所产生的自感磁通量是不相同的。为了衡量不同线圈产生自感磁通的能力，引入自感系数（简称电感）这一物理量，用 L 表示，它在数值上等于一个线圈中通过单位电流所产生的自感磁通。即

$$L=\frac{N\Phi}{I}$$

式中，$N\Phi$ 为 N 匝线圈的总磁通，也称自感磁链。

L 的单位是亨利，简称亨，用 H 表示。常采用较小的单位有毫亨（mH）和微亨（μH）。

线圈的电感是由线圈本身的特性决定的。线圈越长，单位长度上的匝数越多，截面积越大，电感就越大。有铁心的线圈，其电感要比空心线圈的电感大得多。

3. 自感电动势

在自感现象中产生的感应电动势。自感现象是电磁感应现象的一种特殊情况，它必然也遵从法拉第电磁感应定律。自感电动势大小的计算式为

$$e_L=L\frac{\Delta I}{\Delta t}$$

现实生活中，日光灯电路就是利用镇流器的自感现象，获得点燃灯管所需要的高压，并且使日光灯正常工作。同时自感现象也有一定的危害。在具有较大线圈而电流又很强的电路中，当电路断开的瞬间，由于电路中的电流变化很快，在电路中会产生很大的自感电动势，可能击毁线圈的绝缘保护，或者使开关的闸刀和固定夹片之间的空气电离成导体，产生电弧而烧毁开关，甚至危害工作人员的安全。可见，在实际中要设法避免有害的自感现象。

二、互感

1. 互感现象和互感电动势

在如图 3-3-2 实验电路中，在开关 S 闭合或断开的瞬间以及改变 R_P 的阻值时，检流计 G 的指针都会发生偏转。这是因为，当线圈 A 中的电流发生变化时，通过线圈的磁通也发生变化，该磁通的变化必然又影响线圈 B，使线圈 B 中产生感应电动势和感应电流。

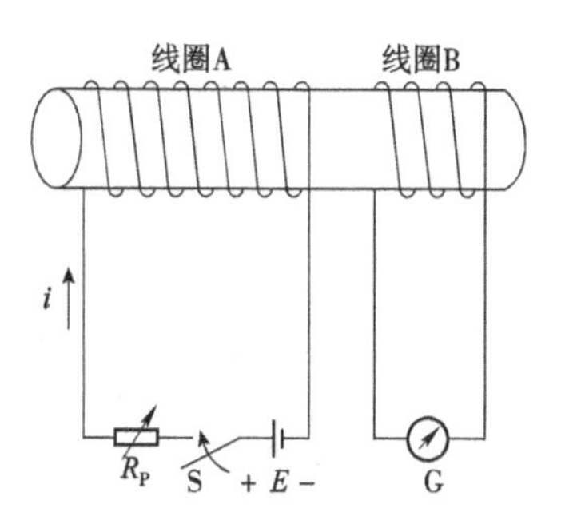

图 3-3-2　两个线圈间的互感

我们把这种由一个线圈中的电流发生变化而在另一线圈中产生电磁感应的现象称为互感现象，简称互感。由互感产生

的感应电动势称为互感电动势，用 e_M 表示。

线圈 B 中互感电动势的大小不仅与线圈 A 中电流变化率的大小有关，而且还与两个线圈的结构以及它们之间的相对位置有关。当两个线圈相互垂直时，互感电动势最小。当两个线圈互相平行，且第一个线圈的磁通变化全部影响到第二个线圈，这时也称全耦合，互感电动势最大。

$$e_{M2} = M\frac{\Delta I_1}{\Delta t}$$

式中，M 称为互感系数，简称互感，单位和自感一样，也是 H。

2. 互感线圈的同名端

互感线圈由电流变化所产生的自感与互感电动势极性始终保持一致的端点，叫作同名端。

在电子电路中，当两个或两个以上的线圈彼此耦合时，常常需要知道互感电动势的极性。例如：电力变压器用规定的字母表示出原、副线圈间的极性关系；收音机的本机振荡电路，如果互感线圈的极性接错的话，电路将不能起振。

1）互感线圈的极性

在图 3-3-3 中，线圈 L_1 通有电流 i，并且电流随时间增加时，电流 i 所产生的自感磁通和互感磁通也随时间增加。由于磁通的变化，线圈 L_1 中要产生自感电动势，线圈 L_2 中要产生互感电动势。以磁通 Φ 作为参考方向，应用右手螺旋定则，线圈 L_1 上的自感电动势 A 点为正极性点，B 点为负极性点；线圈 L_2 上的互感电动势 C 点为正极性点，D 点为负极性点。由此可见，A 与 C、B 与 D 的极性相同。

当电流 i 减小时，L_1、L_2 中的感应电动势方向都反了过来，但端点 A 与 C、B 与 D 极性仍然相同。

经过分析可知，无论电流从哪一端流入线圈，大小变化如何，A 与 C、B 与 D 端的极性都保持一致，A 与 C、B 与 D 就是同名端。

2）同名端表示法

电路中常用小圆点或小星号标出互感线圈的极性，称为"同名端"，如图 3-3-4 所示。

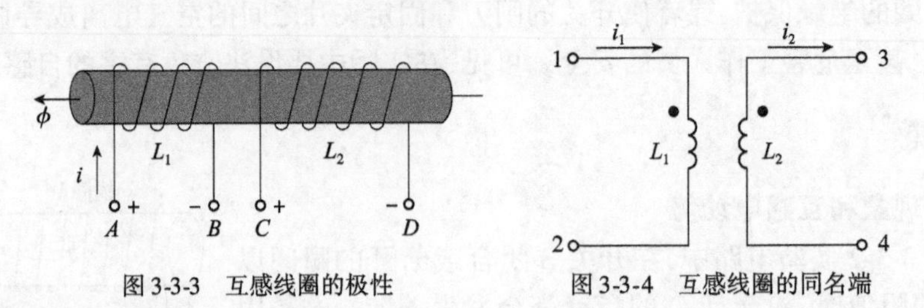

图 3-3-3　互感线圈的极性　　图 3-3-4　互感线圈的同名端

3. 互感线圈同名端的判定

判别互感线圈的同名端在理论分析和实际中具有重要意义。例如：电动机、变压器的各相绕组要根据同名端进行连接。在前面分析中可知，已知线圈绕向时，我们可以应用右手螺旋定则判定互感线圈的同名端。但在实际工作中，线圈的绕向往往无法确定，此时我们可以应用实验的方法来判别两个线圈的同名端，下面介绍两种常用的判别方法。

1）直流判别法

如图 3-3-5a）所示，分别将互感线圈与电源 E 和电流表相连，当开关闭合瞬间，根据互感原理，在 L_2 两端产生一个互感电动势电表指针会偏转。若指针正向摆动，则 E 正极与直流电流表头正极所连接一端是同名端。

2）电压判别法

按图 3-3-5b）接好电路。

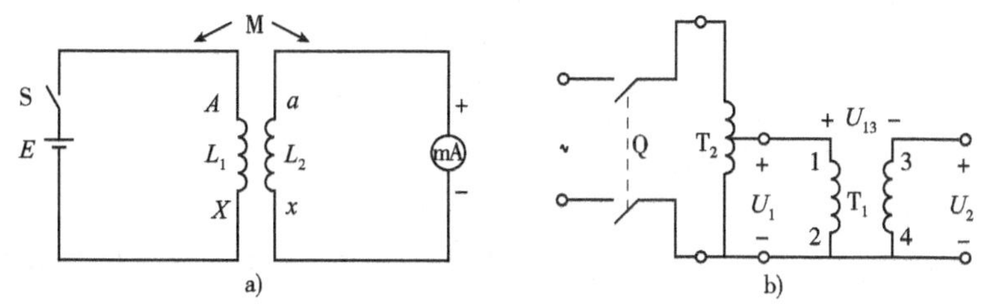

图 3-3-5　互感线圈同名端判断电路

T1 为被测变压器。

1）将调压器调到起始位置后合上断路器 Q，调节调压器输出电压，使 U_1 至 $0.5U_{1N}$ 左右。

2）将变压器绕组的 2 端与 4 端相连，测出一次绕组和二次绕组的电压 U_1 和 U_2 以及 U_{13}。

若 $U_{13}=U_1-U_2$；

则 1 与 3，2 与 4 为同名端。

若 $U_{13}=U_1+U_2$；

则 1 与 4，2 与 3 为同名端。

4. 实验注意事项

（1）通电前必须将调压器调至零；

（2）根据变压器的额定值加入适当的输入电压；

（3）二次绕组的额定电流，防止损坏设备；

（4）根据需要更换仪表量程。

三、三相异步电动机结构原理

三相异步电动机是靠同时接入 380V 三相交流电源（相位差 120°）供电的一类电动机，广泛应用在各行各业，其工作原理是基于电磁感应定律和电磁力定律，是互感现象在现实生活中的实际应用。

1. 三相异步电动机的结构

三相异步电动机外形如图 3-3-6 所示，它主要由定子和转子两个基本部分构成，此外还有端盖、风叶、轴承和接线盒等零部件。

1）定子

定子是电动机的静止部分，它由定子铁芯、定子绕组和机座三部分组成，见图 3-3-7。定子绕组可接成星形或三角形。

2）转子

转子是电动机的转动部分，见图 3-3-8，按结构不同分为鼠笼式转子和绕线式转子，它由转轴、转子铁芯、转子绕组组成。

图 3-3-6　三相异步电动机

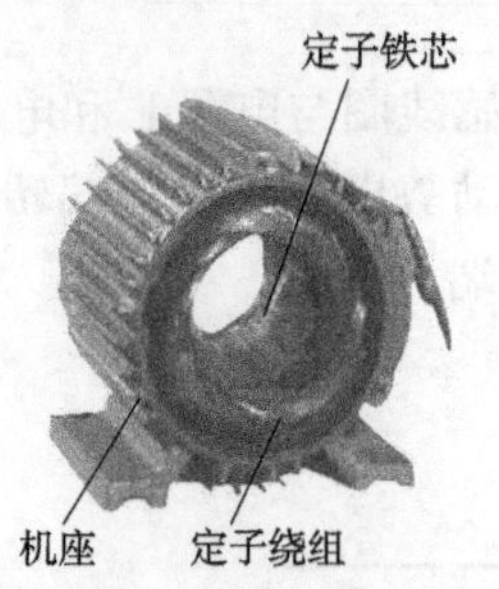

图 3-3-7　三相异步电动机定子

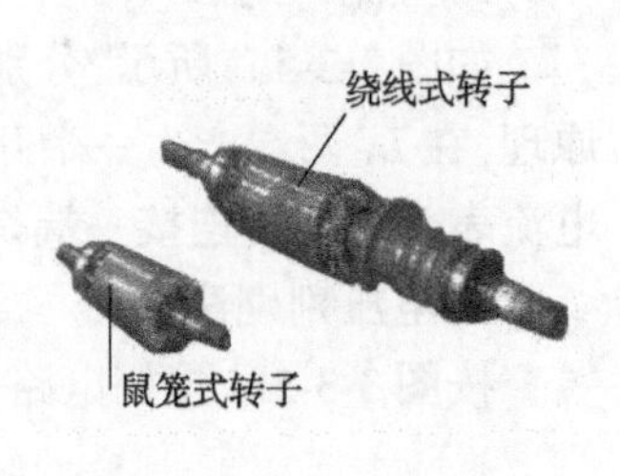

图 3-3-8　三相异步电动机转子

2. 三相异步电动机的工作原理

1）旋转磁场的产生

三相异步电动机的定子绕组接成星形，形成对称三相（三个绕组结构相同，空间互差120°）星形负载。将它们的首端 U_1、V_1、W_1 接到对称三相电源上，三个绕组中有对称三相电流通过（相位依次相差 120°），其波形如图 3-3-9 所示。

正弦电流通过三相绕组，根据电流的磁效应可知，每个绕组都要产生一个按正弦规律变化的磁场。三相绕组就会产生一个合成磁场，此合成磁场是一个旋转磁场。

通过分析可知，对称三相正弦电流 i_U、i_V、i_W 分别通入三相绕组时，产生一个随时间变化的旋转磁场。磁场有一对磁极（一个 N 极、一个 S 极），因此，又叫两极旋转磁场。当正弦电流的电角度变化 360°时，两极旋转磁场在空间也正好旋转 360°，这样就形成了一个和正弦电流同步变化的旋转磁场。

2）三相异步电动机的工作原理

旋转磁场转速我们用 n_0 表示，当旋转磁场顺时针旋转，相当于磁场不动，转子逆时针切割磁力线，产生感应电流，用右手定则判定，转子半部分的感应电流流入纸面。有电流的转子在磁场中受到电磁力的作用，用左手定则判定，上半部分所受磁场力向右，下半部分所受磁场力向左，如图 3-3-10 所示。这两个力对转子转轴形成电磁转矩，使转子沿旋转磁场的方向以转速 n 旋转。

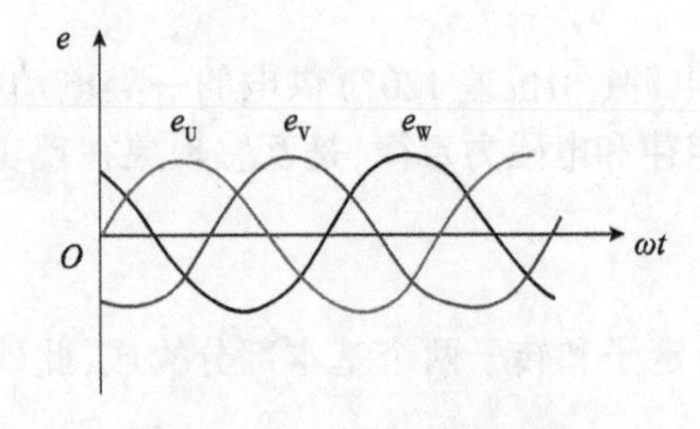

图 3-3-9　三相绕组电压波形图

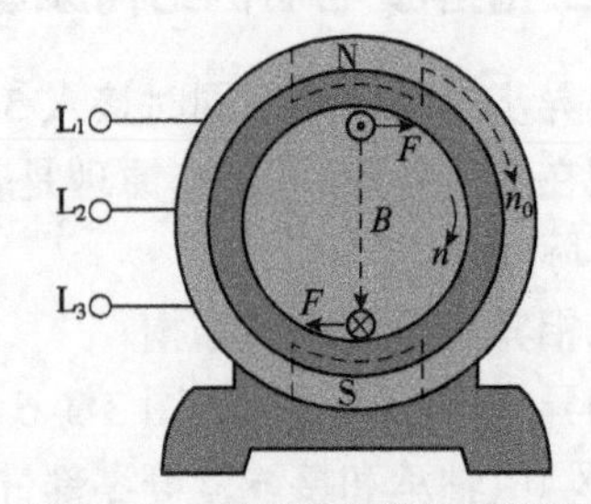

图 3-3-10　三相异步电动机工作原理

转子的转速 n 永远小于旋转磁场的转速 n_0。如果转子转速等于磁场同步转速，即 $n = n_0$，则转子导体和旋转磁场之间就不存在相对运动（两者相对静止），转子导体不切割磁感线，因此也就不存在感应电动势、转子电流和电磁转矩，转子不能继续以同步转速 n_0 转动。在负载的调节下，如果转子变慢时，转子与旋转磁场间的相对运动加强，使转子受的电磁转矩加大，转子转动加快。因此，转子转速 n 总是与同步转速 n_0 保持一定转速差，即保持着异步关系，所以把这类电动机叫作异步电动机，又因为这种电动机是应用电磁感应原理制成，所以也叫感应电动机。

四、变压器的结构原理

变压器是利用电磁感应的原理来改变交流电压的装置，在电力系统和电子线路中广泛应用。常用的稳压电源，就是变压器的一种。电力变压器外形结构如图 3-3-11 所示。

图 3-3-11　变压器

1. 变压器的构造

变压器由铁芯、线圈绕组及附件构成。

1）铁芯

是变压器的磁路通道，是用磁导率较高且相互绝缘的硅钢片制成，以便减少涡流和磁滞损耗。按其构造形式可分为芯式和壳式两种，如图 3-3-12a）、b）所示。

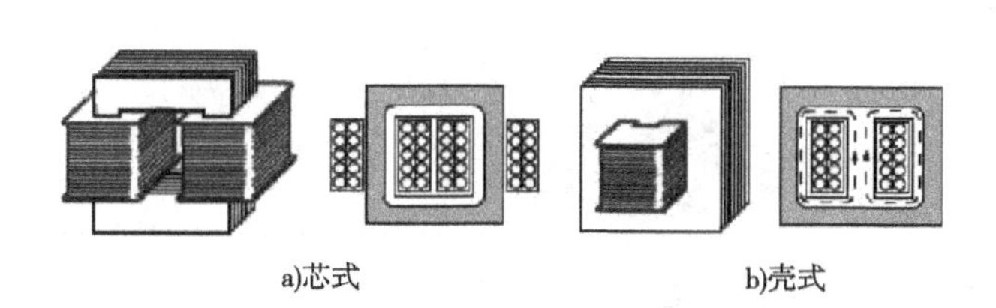

a)芯式　　b)壳式

图 3-3-12　芯式和壳式变压器

2）线圈绕组

是变压器的电路部分，是用漆包线、沙包线或丝包线绕成。其中和电源相连的线圈叫原线圈（一次绕组），和负载相连的线圈叫副线圈（二次绕组）。

附件主要有绝缘层、冷却设备、铁壳或铝壳等组成。

2. 变压器的工作原理

变压器是按电磁感应原理工作的，原线圈接在交流电源上，在铁芯中产生交变磁通，从而在原、副线圈产生互感电动势，这时如果副线圈与外电路负载接通，便有交流电流流出。

如图 3-3-13 所示，假如变压器原线圈匝数为 N_1，端电压为 U_1；副线圈匝数为 N_2，端电压为 U_2。则原、副线圈（一次、二次绕组）电压之比等于匝数比，即

$$\frac{U_1}{U_2}=\frac{N_1}{N_2}=n$$

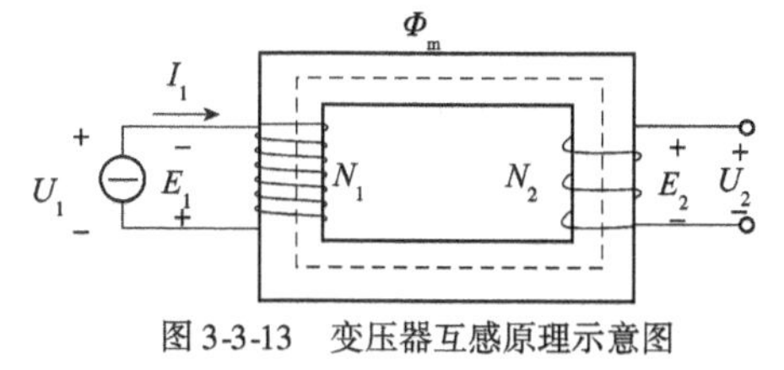

图 3-3-13　变压器互感原理示意图

n 叫作变压器的变压比。从上式可以看出，调整变压器原副线圈的匝数，就可以输出不同的电压，这就是变压器的变压原理。

【任务实施】

我们通过感应电动机的原理实验以及变压器线圈闭合实验，进一步体验互感在三相异步电动机与变压器中的应用。

一、工具及仪器仪表

实验所需工具及仪器仪表见表3-3-1。

工具及仪器仪表　　　　表3-3-1

序号	名 称	实 物 图	功 能 及 使 用
1	磁铁		磁铁,可以转动,产生旋转磁场,相当于电动机能产生旋转磁场的定子绕组
2	铝柜		铝柜,四方形,由导磁性材料做成,相当于电动机的转子
3	铝桶		铝桶,圆柱形,由导磁性材料做成,相当于电动机的转子
4	变压器原线圈		变压器原线圈,有4个接线柱,不同的接线柱代表不同的线圈匝数。可以改变成3种线圈匝数
5	变压器副线圈		变压器副线圈有3个接线柱,可以改变成2种不同的线圈匝数
6	变压器铁芯		变压器铁芯,安装变压器原副线圈的装置,也是磁路的通道

续上表

序号	名 称	实 物 图	功 能 及 使 用
7	直流电源	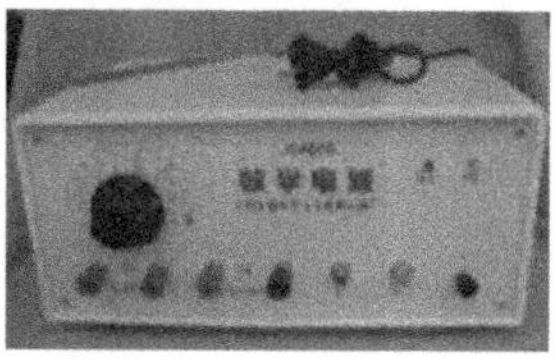	教学用交直流电源,供学生实验时,作低压交流和直流稳压电源使用。可通过电压转换开关,输出标称值为 2 ~ 16V 的八挡交直流电压
8	交流电压表	 	交流电压表 2 台,交流电压表是测量交流电压的一种仪器。交流电压表有模拟表与数字表之分,模拟表内部采用模拟电路,显示方式为指针式;数字表内部采用数字电路,显示方式为数字显示。电压表必须与被测用电器并联
9	导线		导线若干,进行电路的连接,同时起导体作用

二、实验步骤及要求

1. 电动机原理实验(表 3-3-2)

实 验 步 骤　　表 3-3-2

步骤	实 验 过 程	注意事项及要求
1		在磁铁中间放一个铝柜
2		用手转动磁铁,我们可以看到铝柜也转动起来;旋转速度比磁铁慢

续上表

步骤	实验过程	注意事项及要求
3	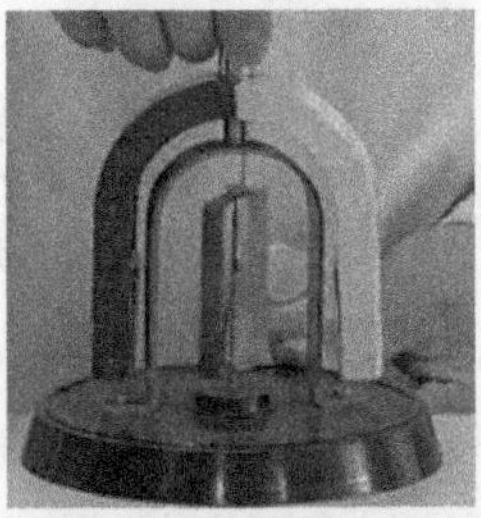	反方向旋转磁铁,可以看到铝柜也反方向旋转起来,但是旋转速度始终比磁铁慢
4		铝柜换成铝桶,转动磁铁,重复上述实验,可以看到小铝桶的转动方向和磁铁一致,旋转速度也比磁铁旋转速度慢

2. 变压器互感实验(表 3-3-3)

实 验 步 骤 表 3-3-3

步骤	实验过程	注意事项及要求
1		首先,把变压器的原、副线圈分别装在铁芯上,组成一个简易变压器;注意拧紧螺栓,安装结实
2		按图 3-3-13 接好电路,注意接线,元线圈接在电源的交流接线柱,两个交流电压表分别测变压器原、副边电压
3	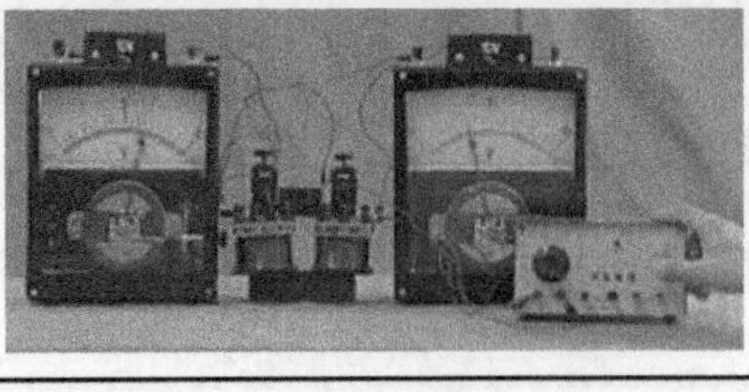	打开电源开关,观察两个电压表指针都有偏转,说明变压器副线圈产生了互感电压。注意观察它们的读数,然后和两个线圈接入电路的匝数之比相比较,看看它们有什么关系

续上表

步骤	实验过程	注意事项及要求
4		分别改变两只线圈接入电路中的匝数;转动电源上的转换开关,改变电源输出电压。重做上面实验,注意两电压表电压和线圈匝数之比的关系

【任务评价】

项目	内　　容	配分	考核要求	扣分标准	自评分	教师评分
工作态度	(1)工作的积极性; (2)安全操作规程的遵守情况; (3)纪律遵守情况和团结协作精神	20	工作过程积极参与,遵守安全操作规程和劳动纪律,有良好的职业道德、敬业精神及团结协作精神	违反安全操作规程扣20分,其余不达要求酌情扣分; 当实训过程中他人有困难能给予热情帮助则加5~10分		
连接电路	根据工作任务要求,选用合适的元器件、操作工具和对应仪表,连接电路	20	电路装接正确	线路接线错误扣20分; 漏掉元器件的一个扣10分		
工艺要求	电路连接正确,布线整齐、合理,工艺较好	10	电路连接正确,布线整齐、合理,工艺较好,操作步骤安排合理	仪表安装松动,每处扣3分; 仪表损坏,每只扣10分; 未能在规定时间内完成任务酌情扣分		
理论知识	能正确按照操作步骤完成各项电动机、变压器实验	30	了解互感概念,通过实验,能掌握并叙述三相异步电动机及变压器的工作原理	实验中,未能仔细观察实验现象及仪表变化,未能及时记录电压变化过程的扣25分,少做一项实验的扣10分		
工作报告	(1)工作报告内容完整; (2)工作报告卷面整洁	20	工作报告内容完整,测量数据准确合理; 工作报告卷面整洁	工作实训报告内容欠完整,酌情扣分; 工作报告卷面欠整洁,酌情扣分		
合计		100				

思考与练习题

1. 由于通过线圈本身的电流__________而引起的电磁感应叫__________。

2. 线圈中自感电动势的大小与__________和__________成正比。自感电动势的方向，当电流增加时与电流方向__________，当电流减小时与电流方向__________。总之，自感电动势的方向总是__________线圈中电流的变化。

3. 一个线圈中的电流发生变化而在另一线圈中产生__________的现象称为互感现象。

4. 同名端是互感线圈由__________所产生的自感与互感电动势极性始终__________的端点。

5. 三相异步电动机主要由__________和__________两个基本部分构成。

6. 变压器由__________、__________及__________构成。

7. 某电感线圈的电感 $L=11.8\text{mH}$，电阻忽略不计，当它与一个适当的电阻器串联后与直流电源接通时，在0.1s内电流增加了50A。求：线圈中产生自感电动势的大小和方向。

8. 在下图3-3-14中，导线 AB 和 CD 互相平行，试判断在开关S闭合和断开时，导线 CD 中感应电流的方向。

9. 如图3-3-15，把变阻器 R 的滑动片向左移动使电流减弱，试判断这时线圈A和B中感应电流的方向。

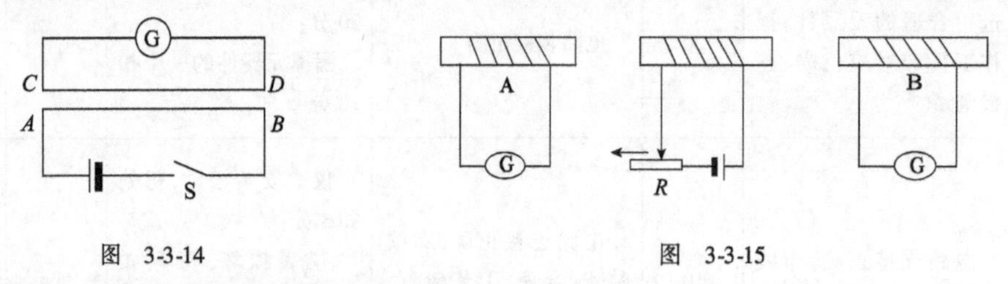

图 3-3-14　　图 3-3-15

10. 下列有关线圈电感的说法中正确的是(　　)。

A. 通过线圈的磁链越大，线圈的电感越大

B. 若线圈的匝数增加，则线圈的电感增大

C. 若在空心线圈内放入抗磁性材料，则线圈的电感减小

D. 对于线圈内充有顺磁质的螺线管来说其电感与线圈电流的大小无关

11. 如图3-3-16所示，当开关S合上以后，电路中的电流由零逐渐增大到 $I=\dfrac{E}{R}$（R 代表线圈的电阻）。

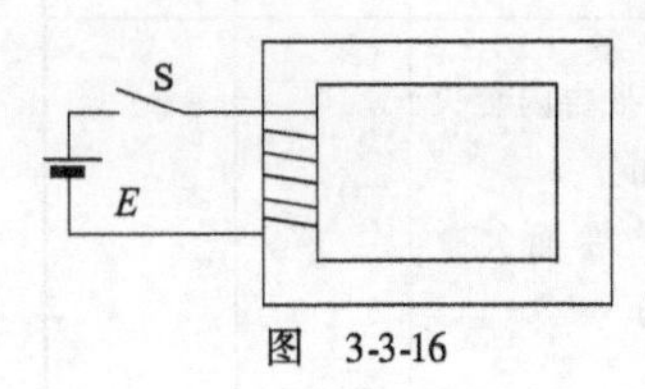

图 3-3-16

(1) 试标出开关S闭合的瞬时，线圈中自感电动势的方向；

(2) 试标出开关S断开的瞬时，线圈中自感电动势的方向；

(3) 当S闭合，线圈中电流达到稳定值以后，线圈中自感电动势有多大？

12. 简述如何用实验方法判别互感线圈的同名端？

参 考 文 献

[1] 袁佩宏.电工技术基础与技能[M].北京:机械工业出版社,2013.
[2] 于建华.电工技术基础与技能[M].北京:人民邮电出版社,2010.
[3] 朱照红.电工技术基础与技能[M].北京:机械工业出版社,2010.
[4] 周德仁.电工技术基础与技能[M].北京:机械工业出版社,2009.
[5] 王照清.维修电工(四级)[M].北京:中国劳动社会保障出版社,2013.
[6] 王照清.维修电工(五级)[M].北京:中国劳动社会保障出版社,2013.
[7] 程周.电工与电子技术[M].北京:高等教育出版社,2001.
[8] 徐国和.电工学与工业电子学[M].北京:高等教育出版社,1993.
[9] 杨正红.电工基础[M].北京:机械工业出版社,2009.
[10] 杜德昌.电工技术基础与技能[M].北京:人民邮电出版社,2010.